全国数控技能大赛资源转化系列教材

数控铣削工艺与刀具应用

机械工业教育发展中心
山高刀具（上海）有限公司　组编

主　编　曹彦生　陈　涛
副主编　张子祥　魏长江　宋永辉
参　编　韩加喜　晋　康
主　审　李建国　曹怀明

机械工业出版社

本书是数控技术等机械制造类专业的核心教材，也是全国数控技能大赛（简称国赛）竞赛资源转化成果。书中以近年来国赛真题为例，深入浅出地指导读者掌握数控铣削加工工艺及刀具使用的关键技术。本书主要内容包括数控铣削工艺认知与刀具选用、数控铣削加工检测量具的选用、数控铣削加工工艺制订以及国赛资料。

本书可作为高级技工学校、高等职业院校数控技术及相关专业的国赛备赛指导用书，也可作为其教学指导用书，还可作为工厂、企业从事数控技术工作的广大技术人员的专业指导用书。

图书在版编目（CIP）数据

数控铣削工艺与刀具应用/曹彦生，陈涛主编. —北京：机械工业出版社，2021.6

全国数控技能大赛资源转化系列教材

ISBN 978-7-111-68590-6

Ⅰ.①数⋯　Ⅱ.①曹⋯②陈⋯　Ⅲ.①数控机床-铣削-高等职业教育-教材　Ⅳ.①TG547

中国版本图书馆 CIP 数据核字（2021）第 128009 号

机械工业出版社（北京市百万庄大街 22 号　邮政编码 100037）
策划编辑：王　丹　责任编辑：王　丹　陈　宾
责任校对：王　延　封面设计：王　旭
责任印制：单爱军
北京虎彩文化传播有限公司印刷
2021 年 10 月第 1 版第 1 次印刷
184mm×260mm・10 印张・243 千字
0001—1000 册
标准书号：ISBN 978-7-111-68590-6
定价：35.00 元

电话服务　　　　　　　　　网络服务
客服电话：010-88361066　　机　工　官　网：www.cmpbook.com
　　　　　010-88379833　　机　工　官　博：weibo.com/cmp1952
　　　　　010-68326294　　金　书　网：www.golden-book.com
封底无防伪标均为盗版　机工教育服务网：www.cmpedu.com

序

2020 年 12 月第一届全国职业技能大赛在广州成功举办。习近平总书记向大赛致贺信，从新时代党和国家事业发展全局的高度，充分肯定了技能人才在经济社会发展中的重要地位和作用，深刻阐明了职业技能竞赛的功能定位和发展方向，对大力弘扬劳模精神、劳动精神、工匠精神，加强技能人才队伍建设提出了明确要求，为技能人才培养工作提供了根本遵循和强大动力。

自 2010 年加入世界技能组织以来，我国已经连续参加了 5 届世界技能大赛，特别是在 2019 年的第 45 届世界技能大赛上，我国选手参加了全部 56 个项目，获得 16 金、14 银、5 铜和 17 个优胜奖，荣登金牌榜、奖牌榜和团体总分第一。这一优异成绩凸显了近年来我国技能人才培养工作的丰硕成果，也为技能人才脱颖而出搭建了舞台。目前，很多企业、技工院校和职业院校以极大的热情投入到职业技能竞赛中，通过世界技能大赛和国内各类技能竞赛涌现出了一大批优秀教练和高技能选手，真正做到了以赛促教、以赛促学、以赛促练，为中国制造和中国创造输送了大批高技能人才。

世界技能大赛的理念是，竞赛内容必须从当今企业的生产实际中提炼而来。随着科技水平的提高，生产工艺的进步，竞赛内容也在与时俱进、不断变化，目的就是为高精度、高质量、高效率的企业生产而服务。在世界技能大赛理念的引领下，国内竞赛也随之发生了很大变化。尤其是全国数控技能大赛更是从理念到形式，从设备、设施到评分标准都发生了根本的转变。从过去的单纯追求数量、速度，转变成追求精度、质量和效率。特别是数控车工和数控铣工项目，为了达到优质高效，竞赛设备从普通的数控车床和数控铣床改变为刚性更强、功能更多、精度更高的车削中心和加工中心；刀具从普通高速钢刀具或焊接刀具改变为抗振性更好、切削质量和效率更高的各类涂层硬质合金刀具和标准机夹刀具。这些变化要求选手必须掌握更高的技术和技能，也使得选手及教练们在使用设备和工具时更加精准到位、精益求精。

2020 年，机械工业教育发展中心组织了多位全国数控技能竞赛专家、一线教练和优秀选手，编写了全国数控技能大赛资源转化系列教材《数控车削工艺与刀具应用》与《数控铣削工艺与刀具应用》。这两本书汇集了历届全国数控技能大赛的成功经验，遵循教学规律，从加工刀具的角度阐述了车削和铣削工艺的应用。书中包括了刀具的基本知识、典型案例和赛题的点评与分析、机械加工中的测量技术以及全国数控技能大赛真题汇编等。所有竞赛试题和加工案例都经过了严格的筛选和精心编撰，充分体现了全国数控技能大赛数控车工和数控铣工项目的技术水平，对参赛训练具有很好的指导意义。

通过书中的实际案例和翔实的工艺分析，可以看出编者们为此付出了辛勤的劳动。这套书能为参加各类数控技能大赛数控车工和数控铣工项目的选手和教练提供帮助。同时，也相信这套书可以在数控技能培训与教学，以及高技能人才培养中发挥出更好的作用。

第 41~45 届世界技能大赛
数控车项目中国技术指导专家组组长
宋放之

前 言

为推进全国数控技能大赛（简称国赛）竞赛资源成果转化，达到以赛促教、以赛促学的效果，机械工业教育发展中心组织开展了"全国数控技能大赛成果转化项目"启动工作，本书正是全国数控技能大赛竞赛资源成果转化建设项目之一。为做好教材建设工作，项目组走访了大量企业，了解企业对当前高端制造人才的知识、素质和能力方面的要求，研究教材开发内容，确定由来自高职院校与技师学院的教师、行业与企业的专家以及全国数控技能大赛专家组的专家共同组成课程开发团队。

本书的编写始终以"具备高端制造业技术技能的机械制造类专业毕业生就业岗位（群）的职业能力要求"确定的"数控铣削工艺与刀具应用"课程所包含的技术要点为依托，结合当前先进制造经验，按照理论知识、专业素质和职业能力要求，推行"校企合作、产学研结合"，将真实的生产、应用过程中的经验融入书中，切实做到"理论具有系统性，理论与实际应用相结合"，重点突出技术应用。本书以近年来国赛真题为例，深入浅出地指导读者掌握数控铣削加工工艺及刀具应用的关键技术，采用国赛赛题和山高刀具（上海）有限公司编制的《刀具手册》中的名词、图例和符号，以便读者理解。

本书由北京新风航天装备有限公司曹彦生、南京工业职业技术大学陈涛担任主编，由张子祥、魏长江和宋永辉担任副主编，韩加喜和晋康参与编写。其中，张子祥、魏长江和晋康编写模块一，宋永辉和晋康编写模块二，曹彦生、魏长江和韩加喜编写模块三，曹彦生和陈涛编写附录。本书由曹彦生负责全书的统稿。李建国和曹怀明审阅了本书并提出了宝贵意见，在此表示衷心感谢。

本书在编写过程中，得到了机械工业教育发展中心有关领导的大力支持，山高刀具（上海）有限公司、苏州英示测量技术有限公司也为本书的编写提供了大量帮助。在此，谨向给予本书支持和帮助的相关单位和同行们表示最诚挚的感谢！

在本书的编写过程中，编者参阅了相关文献资料，在此向这些文献资料的作者一并表示感谢，若因疏漏未在参考文献中列出的，恳请作者与编者联系。

因本书涉及内容广泛，编者水平有限，书中难免有错漏之处，恳请读者批评指正。

编　者

目 录

模块一

数控铣削工艺认知与刀具选用

本模块主要介绍了数控铣削加工工艺中的常用刀具以及如何根据工件材质、加工轮廓类型、机床特性和允许的切削用量及刀具寿命等因素，对刀具材料、类型及其参数做出合理的选择。通过学习这些知识，学生应能够合理选择数控铣削刀具，充分发挥数控设备性能，全面保证加工质量和提高加工效率。

【学习目标】

1. 了解数控铣削常用刀具的种类及特点。
2. 掌握选择数控铣削刀具的基本方法。
3. 了解数控铣削工艺中的技术术语。
4. 掌握切削参数的计算方法。
5. 了解加工过程中刀具磨损对加工的影响及如何延长刀具的使用寿命。

【能力目标】

通过学习本模块，学生应能够掌握数控铣削加工工艺中常用刀具的种类及选用等知识；能够解决数控铣削加工中的刀具选择问题；能够根据工件材质、加工轮廓类型、机床特性和刀具寿命等因素，制订常见特征的数控铣削工艺。

项目一

数控铣削刀具参数与加工方法认知

任务1　数控铣削刀具基本知识

【任务描述】　>>>

数控铣削刀具几何角度（即切削角度）是确定加工工艺、加工对象的重要参数。刀具几何角度的变化直接影响加工效率以及加工质量，本任务主要介绍数控铣削刀具的几何角度及其对零件加工的影响。

【学习目标】　>>>

1. 正确理解常见数控铣削刀具的几何角度。
2. 了解数控铣削刀具几何角度的功能及对加工的影响。

【能力目标】　>>>

根据加工特性、加工环境、加工工艺特点，从刀具样本中确定适合的数控铣削刀具形式，选择合适切削角度的刀具。

1.1　数控铣刀的几何角度

1. 立铣刀的刀具角度

（1）螺旋角　螺旋角是指主切削刃切向与基面之间的夹角，在主切削平面中测量，如图1.1-1所示。圆柱铣刀或立铣刀的螺旋角有正、负之分；对于螺旋齿的铣刀，其刃倾角与螺旋角相等。螺旋角为0°时，切削刃沿其全长同时切入工件，最后又同时离开，容易产生振动；加大螺旋角后，各刀齿沿切削刃逐渐切入和切出，提高了切削过程的平稳性。

螺旋角的增大与减小直接影响铣刀的轴向受力，螺旋角大小的示意图如图1.1-2所示。螺旋角的大小可根据不同的加工环境和加工工艺选用。螺旋角减小，刀具强度增大，切削阻力增大；螺旋角增大，刀具强度减小，切削阻力减小。

（2）前角与后角

1）前角是指前刀面与基面之间的夹角，分为正前角和负前角。前角的大小直接影响切削力和刀具强度，增大前角可以减小切削力以及切削变形，它是控制表面质量的关键刀具角度。前角刃如图1.1-3所示。

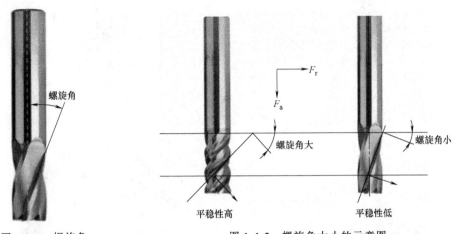

图 1.1-1　螺旋角　　　　　　　　图 1.1-2　螺旋角大小的示意图

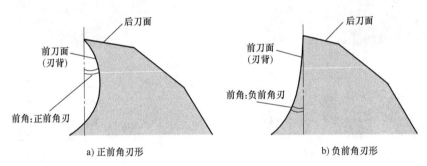

a) 正前角刃形　　　　　　　　　b) 负前角刃形

图 1.1-3　前角刃

正前角出现在铣刀和工件最初接触时，发生在切削刃上，从切削刃到引导的前刀面，如图 1.1-4a 所示。

负前角出现在铣刀和工件最初接触时，发生在齿上的一个点或一条线上（而不是切削刃上），如图 1.1-4b 所示。

2）后角是指后刀面与切削平面之间的夹角，铣刀的后角一般是在垂直于铣刀轴线的剖面内或正交平面内标注。后角的作用是减小后刀面与工件间的摩擦，后角的大小也会影响到刀齿的强度和刀具的锋利程度，如图 1.1-5 所示。

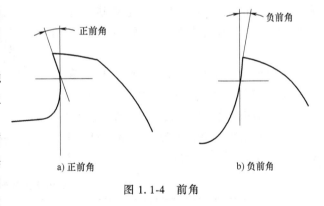

a) 正前角　　　　　　　　　b) 负前角

图 1.1-4　前角

2. 面铣刀的刀具角度

面铣刀相对于立铣刀而言，刀具角度更加复杂，为了能够更好地适应不同的工件材料和不同的加工工艺方式，这两种铣刀在刀具角度方面也各有不同。

（1）轴向前角与径向前角　轴向前角是指面铣刀的刀片前刀面与刀具轴向基线形成的切削角度，如图 1.1-6 所示。径向前角是指刀具前刀面在刀具直径方向与轴线产生的夹角，如图 1.1-7 所示。

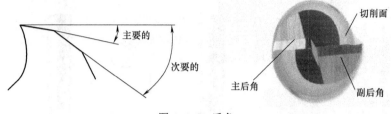

图 1.1-5　后角

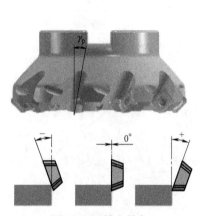

图 1.1-6　轴向前角

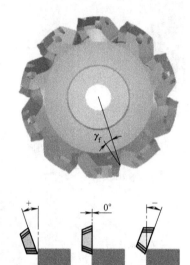

图 1.1-7　径向前角

（2）主偏角　主偏角是指主切削平面与假定工作平面之间的夹角。通俗地讲就是主切削刃与进给运动方向之间的夹角，如图 1.1-8 所示。

图 1.1-8　主偏角

主偏角主要影响切削层截面的形状和参数，影响切削分力的变化。主偏角减小，增加了主切削刃参加切削的长度，减轻了负荷，增大了散热面积，提高了刀具寿命，同时增大了吃刀抗力。当加工刚度较弱的工件时，易引起工件变形和振动。常见的主偏角角度及应用见表 1.1-1。

表 1.1-1　常见主偏角角度及应用

角度	示意图	特性及应用场合
90°	$h_m = f_z$	适合加工薄壁类零件、轴向装夹刚度较差的零件以及直台或方肩轮廓零件。其实际切削宽度与实际每齿进给量相等

（续）

角度	示意图	特性及应用场合
45°		通用加工首选刀具。减少长刀具悬伸时的振动；切屑减薄效应使生产效率得以提高。其实际每齿切削宽度为实际给定切削宽度的 70.7%
10°		是现行最为常用的一种高进给铣刀类型。产生薄切屑，可实现非常高的每齿进给量。轴向切削力被导向主轴并使其保持稳定
可变		强度较高的多次转位切削刃铣刀属于通用铣刀，适用面广，对于高温合金具有更强的切屑减薄效应。刀具实际切削宽度随着圆弧接触曲线而不断变化，刀具越靠近圆弧底部，切屑减薄效应越突出

1.2　数控铣削加工的主要参数及其计算

1. 数控铣削加工的主要参数

（1）主轴转速、切削速度和铣刀直径（图 1.1-9）

1）主轴转速（n）是指机床主轴在单位时间内的转数，单位为 r/min。

2）切削速度（v_c）是指在进行切削加工时，工具切削刃上的某一点相对于待加工表面在主运动方向上的瞬时速度，单位为 m/min。

3）铣刀直径（DCX）是指最大切削直径，单位为 mm。

4）铣刀直径（DC）是指有效切削直径，单位为 mm。

（2）进给量、齿数（图 1.1-10）

1）每齿进给量（f_z）是指铣削中铣刀每旋转一个齿间角时相对加工工件在进给运动方向的位移量，单位为 mm/z（毫米/齿），每齿进给量值由推荐的最大切屑厚度值计算得到。

2）进给速度（v_f）是指刀具在单位时间内相对于工件的进给运动方向的距离，单位为

mm/min，与铣刀的每齿进给量和齿数有关。

3）铣刀齿数（z_n）是指铣刀固有的齿数。

4）有效齿数（z_c）是指切削中的实际进行切削的齿数。

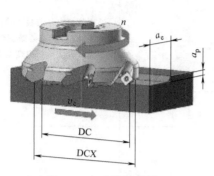
图 1.1-9 参数示意图 1

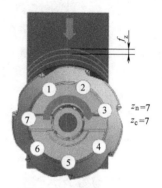
图 1.1-10 参数示意图 2

（3）切削深度（图 1.1-11）

1）径向切削宽度（a_e）是指刀具直径沿径向参与零件切削的宽度，是横穿被加工表面的距离或刀具的移动距离（如果刀具直径较小），单位为 mm。

2）轴向切削深度（a_p）是指刀具在工件表面的金属去除量，是刀具切入未加工表面下方的距离，单位为 mm。

（4）净功率、转矩和单位切削力值（图 1.1-12）

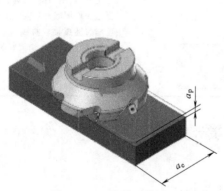
图 1.1-11 参数示意图 3

图 1.1-12 参数示意图 4

1）净功率（P_c）是指机床必须提供给切削刃用以实现切削作用的功率。选择切削参数时，必须将机床效率考虑在内。

2）转矩（M_c）是指刀具在切削作用期间产生的转矩值，机床必须能够提供该转矩。

3）单位切削力值（k_c）是指材料常数，单位为 N/mm^2。

2. 数控铣削加工主要参数的计算

（1）切削速度 v_c　切削速度取决于实际加工刀具的直径和被加工材料的性能等综合因素。

切削速度公式为

$$v_c = \frac{n\pi D}{1000} \tag{1.1-1}$$

式中　n——主轴转速，单位为 r/min；

　　　D——铣削直径，即有效切削直径 DC，单位为 mm。

（2）主轴转速 n　主轴转速取决于实际切削速度和刀具直径的选定。切削速度要结合实际的加工工艺情况进行合理选择，即由不同的加工材料、不同的加工工艺方式综合确定，切削速度的选定直接影响着主轴转速。

（3）进给速度 v_f　进给速度的单位通常是 mm/min（每分钟进给量），根据不同的加工工艺也可选定 mm/r（刀具每转进给量）。以每分钟进给量为例，进给速度的计算结合刀具转速、刀具齿数以及合理选定的刀具每齿进给量得出

$$v_f = f_z z n \tag{1.1-2}$$

式中　f_z——每齿进给量，单位为 mm/z；

　　　z——刀具齿数；

　　　n——主轴转速，单位为 r/min。

3. 数控铣削加工主要参数计算实例

图 1.1-13 所示为台阶零件示意图，粗铣加工台阶面，工件材料为 45 钢，选用合适的刀具加工并计算相关切削参数。为便于查阅和计算，本例中所用的部分符号以山高刀具厂家《刀具手册》中出现的符号为准。

（1）刀具选择（以山高刀具为例）　结合工件形状（垂直侧壁台阶面），选择刀盘（刀体）类刀具，根据铣削宽度尺寸选择刀盘直径 DC＝50mm，如图 1.1-14 所示。刀具直径为 50mm，并配备主偏角为 90°的端面立铣刀片进行铣削加工，刀具参数表。见表 1.1-2。

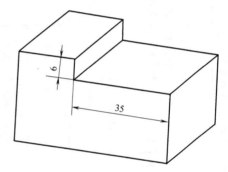

图 1.1-13　台阶零件示意图

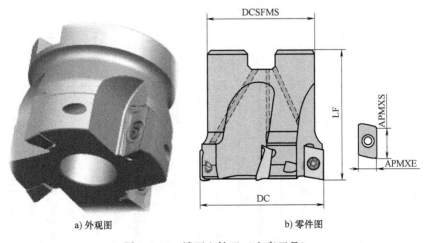

a) 外观图　　　　　　　　b) 零件图

图 1.1-14　端面立铣刀（山高刀具）

表 1.1-2　刀具参数表

型号	装配形式	尺寸/mm APMXE	APMXS	DC	DCSFMS	DCB	TDZ	LF	RMPX 最大斜坡下刀角度/(°)	C_{min} 螺旋插补最小孔径/mm	C_{max} 螺旋插补最大孔径/mm	齿数	净重/KG	最高转速	刀片
R217.69-1632.RE-12-4AN	Combimaster	7.0	11.0	32.0	30	—	M16	40.0	3.0	51.12	62.25	4	0.2	18400	XO.X12.
R220.69-0032-12-4AN	刀盘式	7.0	11.0	32.0	30	16	—	35.0	3.0	51.12	62.25	4	0.3	18400	XO.X12.
R217.69-1640.RE-12-6AN	Combimaster	7.0	11.0	40.0	30	—	M16	40.0	2.5	67.12	78.25	5	0.3	16400	XO.X12.
R217.69-2040.RE-12-6AN	Combimaster	7.0	11.0	40.0	37	—	M20	40.0	2.5	67.12	78.25	5	0.4	16400	XO.X12.
R220.69-0040-12-5AN	刀盘式	7.0	11.0	40.0	35	16	—	40.0	2.5	67.12	78.25	5	0.2	16400	XO.X12.
R220.69-0050-12-7AN	刀盘式	7.0	11.0	50.0	47	22	—	40.0	2.0	87.12	98.25	7	0.4	14800	XO.X12.
R220.69-0063-12-8AN	刀盘式	7.0	11.0	63.0	52	27	—	40.0	1.5	113.12	124.25	8	0.6	13200	XO.X12.
R220.69-0080-12-10AN	刀盘式	7.0	11.0	80.0	62	27	—	50.0	1.0	147.12	158.25	10	1.0	11600	XO.X12.
R220.69-0100-12-12AN	刀盘式	7.0	11.0	100.0	77	32	—	50.0	0.5	187.12	198.25	12	1.7	10400	XO.X12.
R220.69-0126-12-14AN	刀盘式	7.0	11.0	125.0	90	40	—	63.0	0.5	237.12	248.25	14	3.2	9200	XO.X12.

选择表 1.1-2 中刀盘直径 DC 为 50mm 的铣刀，其型号为 R220.69-0050-12-7AN。通过参数选用配置刀片，刀片参数见表 1.1-3。

表 1.1-3　刀片参数表

SMG		a_p/mm	f_z/(mm/z)		
			100%	30%	10%
P1	XOMX120408TR-ME08 F40M	5.0	0.14	0.16	0.24
P2	XOMX120408TR-ME08 F40M	5.0	0.14	0.16	0.24
P3	XOMX120408TR-ME08 MP2500	5.0	0.14	0.15	0.22
P4	XOMX120408TR-ME08 MP2500	5.0	0.13	0.15	0.22
P5	XOMX120408TR-M12 MP2500	5.0	0.16	0.17	0.26
P6	XOMX120408TR-M12 MP2500	5.0	0.16	0.17	0.26
P7	XOMX120408TR-M12 MP2500	5.0	0.16	0.17	0.26
P8	XOMX120408TR-M12 MP2500	5.0	0.16	0.18	0.28
P11	XOMX120408TR-M12 T350M	5.0	0.16	0.17	0.26
P12	XOEX120408R-M07 MS2500	4.5	0.070	0.080	0.12

例如，表 1.1-3 刀片参数表中选定刀片的材质为 F40M，刀尖圆角为 $R0.8$mm，具体加工情况可以进行选择定义，具体的切削深度、刀具直径利用率的每齿进给量参考推荐数值。

上述参数确定后，再根据选定刀片进行切削参数的选定，该刀片材质为 F40M，不同切削条件下的切削速度见表 1.1-4，表 1.1-4 中针对此刀具在不同切削条件下分别给出推荐的切削速度，可以根据实际情况进行选定。

表 1.1-4　不同切削条件下的切削速度　　　　　（单位：m/min）

SMG	MS2060			MP2500			T350M			F16M			F40M			H15			MP1020		
	100%	30%	10%	100%	30%	10%	100%	30%	10%	100%	30%	10%	100%	30%	10%	100%	30%	10%	100%	30%	10%
P1	—	—	—	320	420	490	230	300	360	—	—	—	225	300	350	—	—	—	405	460	485
P2	—	—	—	305	400	475	225	290	350	—	—	—	220	285	340	—	—	—	380	435	475
P3	—	—	—	265	350	415	195	255	300	—	—	—	190	250	300	—	—	—	340	385	410
P4	—	—	—	235	310	365	170	225	270	—	—	—	170	220	265	—	—	—	300	340	360
P5	—	—	—	225	305	355	165	220	255	—	—	—	166	215	250	—	—	—	285	330	345
P6	—	—	—	260	340	400	185	245	290	—	—	—	185	240	280	—	—	—	335	370	390
P7	—	—	—	245	320	375	175	230	275	—	—	—	170	230	265	—	—	—	315	350	365
P8	—	—	—	225	295	350	165	215	250	—	—	—	160	210	250	—	—	—	285	325	345
P11	—	—	—	235	310	365	170	225	265	—	—	—	165	220	260	—	—	—	305	340	355
P12	130	165	195	155	200	235	110	145	170	150	195	230	110	145	170	—	—	—	185	195	195

（2）加工参数的计算　首先进行主轴转速的计算，工件材料为 45 钢，刀片选择 P 类加工刀片，选定切削参数 $v_c = 220$m/min，由此可以计算出实际的主轴转速，再根据主轴转速进行进给速度计算。

1）主轴转速为

$$n = \frac{1000 \times 220}{3.14 \times 50} \text{r/min} \approx 1401 \text{r/min}$$

2）进给速度为

$$v_f = 0.15 \times 7 \times 1401 \text{mm/min} \approx 1471 \text{mm/min}$$

任务2　数控铣削加工方法认知

【任务描述】 >>>

　　铣削常用于加工平面、台阶面和槽。随着加工中心和多任务机床数量的增长，零件加工特征也变得更加复杂，新的发展趋势对刀具提出了新要求。本任务的主要内容为对目前常用的铣削加工方法以及各种铣削加工方法所适用的刀具类型进行介绍。

【学习目标】 >>>

　　1. 掌握常用铣削加工方法的种类。
　　2. 掌握常用铣削加工方法所适用的刀具类型。
　　3. 了解常用铣削加工方法的加工特点。

【能力目标】 >>>

　　通过学习本任务，学生应能够全面了解目前常用的铣削加工方法，并能根据不同零件的加工特点及要求选用合适的加工方法及刀具，具备根据不同加工特征制订合理的铣削加工方法的能力。

2.1　铣削加工的主要加工范围

　　铣削加工通常是完成面的加工，按照几何形状特性，铣削加工方法的主要体现形式包括铣平面、铣槽、铣台阶、铣型腔、铣几何轮廓、铣曲面等，铣削加工的主要加工范围见表1.1-5。

表1.1-5　铣削加工的主要加工范围

平面加工和非平面加工	平面加工。铣削平面是用铣刀的圆周刃或者端面刃沿着平行于工件平面的方向进给所形成的平行于工件进给方向的一个平面

（续）

平面加工和 非平面加工	非平面加工。非平面加工是指加工一些特殊的零件轮廓,常用于加工模具型腔、异形零件等 
标准型腔加工	标准型腔是众多零件中常见的几何元素,也是数控机床中常用的加工循环,常见的标准型腔有矩形型腔、圆形型腔、圆弧型腔和槽多边形型腔等  矩形型腔　　　　　　　　圆形型腔  圆弧型腔　　　　　　　　槽多边形型腔
几何轮廓加工	轮廓型腔  几何外轮廓加工　　　　　几何内轮廓加工

　　在数控铣削加工中,根据不同的加工工件特征和不同的加工工艺,可以选择的铣削加工方式有很多种。下面介绍主要的铣削加工方式。

　　在铣削加工中,主要的加工方式为端面铣削和圆周铣削。

1. 端面铣削

端面铣削是利用面铣刀进行平面铣削加工的一种加工方式。数控铣削加工刀具中的很多铣刀都可以实现端面铣削，端面铣削如图 1.1-15 所示。

2. 圆周铣削

圆周铣削是铣削加工中常用的轮廓加工形式，一般分为顺铣和逆铣，对于数控铣削加工来说，主要按照被加工轮廓进行指定，顺铣和逆铣见表 1.1-6。在数控铣削加工中，通常采用的轮廓加工方式是顺铣。

图 1.1-15　端面铣削

表 1.1-6　顺铣和逆铣

顺铣	逆铣

当铣刀与工件接触部分的旋转方向和工件进给方向相同时，即铣刀对工件的作用力在进给方向上的分力与工件进给方向相同时称为顺铣 顺铣切削时，刀具直接切入工件，切入阶段为切削过程最大切削部分，随着刀具旋转，切削过程逐步减小至刀具切出工件，切屑流向已加工表面方向	当铣刀与工件接触部分的旋转方向和工件进给方向相反时，即铣刀对工件的作用力在进给方向上的分力与工件进给方向相反时称为逆铣 逆铣切削时，刀具通过已加工表面逐步切入工件，切削过程逐步增大至刀具切出工件，切屑流向待加工表面方向

3. 其他铣削加工形式

除上述加工方式之外，根据加工工艺特性以及加工形式的演变，还有插铣加工方式和高进给铣削加工方式，其他铣削加工方式见表 1.1-7。

表 1.1-7　其他铣削加工方式

插铣加工方式	高进给铣削加工方式
这种方式可以充分利用实际使用的刀具长度优势，有效提高实际加工效率。对于加工轮廓形状较深的工件，在条件满足的情况下，可采用插铣加工方式	这种方式主要是一种小切削深度高进给的加工方式，可以有效提高工件粗加工的加工效率

2.2　铣削加工的主要加工方法

1. 面铣

面铣是一种常见的铣削工序，可使用多种不同的刀具来执行，如图 1.1-16 所示。

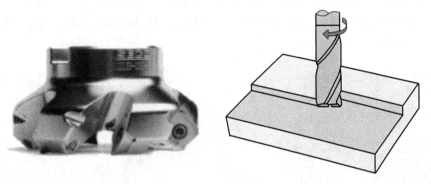

图 1.1-16　面铣

常用的刀具是 45°主偏角面铣刀，当然，在不同的工艺情况下也有不同的主偏角刀具。此外，在不同的加工情况下也有很多种刀具可实现面铣削，比如方肩铣刀、圆刃铣刀和立铣刀等，在加工过程中需要结合实际的工艺特点和工艺情况选择适合的刀具。下面针对常见的面铣刀具主偏角形式在不同的情况下产生的切削力进行阐述，不同主偏角产生的切削力方向如图 1.1-17 所示。

图 1.1-17　不同主偏角产生的切削力方向

不同主偏角的刀片的加工特点也不尽相同，应根据实际情况选取合适的刀片角度。不同刀片角度的加工特点详见表 1.1-8。

表 1.1-8　不同刀片角度的加工特点

刀片角度	优点	缺点
主偏角为 25°~65°（常用 45°）	1）可实现较大的进给量 2）刀片的使用寿命长	中等切削深度
主偏角为 90°	1）可用于多种工序，通用性强 2）切削轴向力低 3）切削深度相对于刀片刃长可实现较高的利用率（切削深度较大）	1）刀片的使用寿命相对较短 2）生产率较低
主偏角为 10°	1）生产率高 2）能实现极高的进给速度 3）切削力多为轴向	切削深度较小

2. 方肩铣

方肩铣是典型、常用的铣削加工方法，由于其刀具主偏角为90°，因此可实现圆周铣削和面铣削加工，是形状轮廓粗加工的常用加工方法以及平面轮廓的铣削应用，目前主要有浅方肩铣和深方肩铣两种方法。方肩铣如图1.1-18所示。

（1）浅方肩铣　其加工特点是相对小的切削深度，大的切削宽度，常用于零件轮廓、型腔快速去除的粗加工铣削。浅方肩铣适合垂直轮廓的快速粗加工，以及端面铣削。浅方肩铣如图1.1-19所示。

图1.1-18　方肩铣

图1.1-19　浅方肩铣

（2）深方肩铣　深方肩铣采用的刀具俗称为"玉米铣刀"，是高效的大余量外围轮廓去除的优选方式，一次可实现较深的轮廓加工，是典型的侧铣加工方法。其切削负载相对较大，适合重切削机床使用。深方肩铣如图1.1-20所示。

3. 铣槽

除立铣方法外，最为普遍的铣槽方法是"三面刃"铣槽。槽有直槽、圆弧槽、深槽和浅槽等，可根据槽的类型选用特定的加工刀具。铣槽加工效率高，是大批量成形槽加工的优选方式。铣槽如图1.1-21所示。

图1.1-20　深方肩铣

图1.1-21　铣槽

4. 铣倒角

铣倒角属于成形类铣削加工应用方式，倒角是零件中最为常见的成形轮廓体现，主要体现在孔口倒角、轮廓周边倒角等。铣倒角如图1.1-22所示。

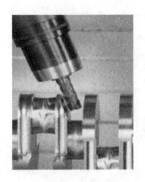

图 1.1-22　铣倒角

根据工艺不同，倒角刀的应用方式有很多种，如正向倒角、背向倒角、特定轮廓角度倒角等。

5. 仿形铣削

仿形铣削是一种常见的针对非平面轮廓的铣削工艺。仿形铣削是通过各种仿形类加工刀具进行不规则二维、三维形状轮廓的随形拟合的加工方式。其主要刀具类型有圆刀片铣刀和大圆角铣刀，主要应用在粗加工和半精加工方面；另一种常见仿形类加工刀具是球头铣刀，主要应用在精加工方面。仿形铣削如图 1.1-23 所示。

6. 高进给铣削

高进给铣削是一种高效的铣削工艺，由于其刀具角度特点，加工中产生的切屑较薄，可实现每齿进给量在 0.8~4mm/z（根据实际加工环境、材料及刀具情况而定），虽然切削深度较小，但凭借高速的进给，同样可实现较高的材料去除率。高进给铣削如图 1.1-24 所示。

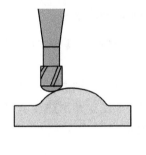

图 1.1-23　仿形铣削　　　　　　　　　图 1.1-24　高进给铣削

高进给铣削的主要特点为刀具主偏角较小，切屑较薄，能够实现很高的每齿进给量 f_z，以小切削深度 a_p 实现高进给率。高进给铣削可针对淬硬钢等难加工材料进行高速加工。高进给铣削参数示意图如图 1.1-25 所示。

7. 摆线铣削

摆线铣削是型腔轮廓高效粗加工的形式，也是充分利用刀具刃长、大切削深度、均匀小切削宽度的加工方式。在传统利用立铣刀的加工中，往往采用逐层去除的加工方法，刀具切削效率低。采用摆线铣削方式可以实现较大的切削深度，刀具通过一次加工就能去除加工轮廓的深层余量。传统铣槽与摆线铣削对比如图 1.1-26 所示。

摆线铣削的优点是单位时间内去除余量比传统的逐层去除方式效率高，刀具利用率相应得到了保证，可实现高速加工方式。摆线铣削刀具路径平滑，进给方向无突变，可以有更高

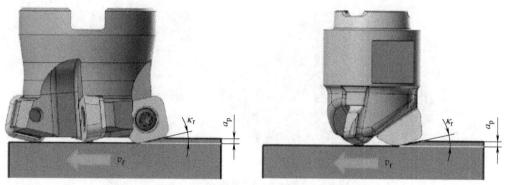

图 1.1-25　高进给铣削参数示意图

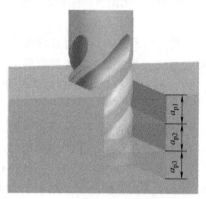

a) 传统铣槽刀具路径

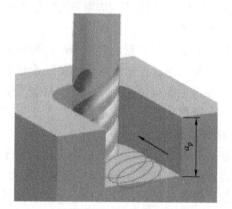

b) 摆线铣削刀具路径

图 1.1-26　传统铣槽与摆线铣削对比

的进给速度和更长的刀具寿命，当前很多 CAM 软件中均具备实现摆线铣削的功能。

8. 插铣

插铣是刀具轴向铣削方法，也是一种高切除率的铣削方法，可用于大悬伸和机床刚度较弱的加工情况。插铣加工方法一般采用中等切削速度，是耐热合金等难加工材料的理想加工方法，可有效提高生产率。插铣如图 1.1-27 所示。

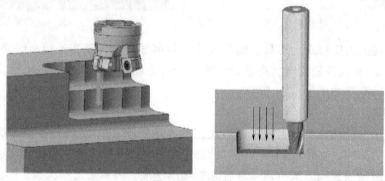

图 1.1-27　插铣

在加工工艺方面，插铣刀主要用于粗加工或半精加工，刀具是沿边缘递进切削，可用于铣削复杂几何形状的工件。

项目二

数控铣削刀具选用与应用

任务1 数控铣削刀具的分类

【任务描述】 >>>

　　刀柄和铣刀是刀具系统的重要组成部分，是与机床主轴连接的重要部件。本任务对 BT 系列刀柄、JT 系列刀柄、HSK 系列刀柄和数控铣削刀具的类型及功能进行详细介绍。

【学习目标】 >>>

1. 掌握数控铣削常用刀柄的种类。
2. 了解常用铣削刀柄及铣刀的特点。

【能力目标】 >>>

　　通过学习本任务，学生应能够说出常用铣削刀柄的种类，并说明不同种类的刀柄的特点、应用场合和连接方式，还能够根据实际机床主轴接口形式及零件的加工要求正确选择刀柄。

1.1 数控铣削刀具刀柄的类型

　　数控机床使用的铣削刀具通过刀柄与主轴相连，刀柄通过拉钉紧固在主轴上。刀柄与主轴的配合锥面主要有两种规格，一种是通用刀柄，一般采用 7：24 的锥度，工厂中应用最广的是 BT 系列刀柄和 JT 系列刀柄；另一种是高精度 HSK 系列刀柄，锥度为 1：10，主要应用于高速、高精度的数控机床。

　　刀柄除了与主轴连接的方式和锥度不同外，与刀具夹持部分也有不同，主要采用机械装夹刀柄、液压刀柄、整体热装刀柄、冷压刀柄等结构形式。具体与主轴连接的方式以实际机床为准（查阅机床参数说明）。

　　1. BT 系列刀柄（图 1.2-1）

　　（1）弹簧夹头刀柄 用于装夹各种直柄立铣刀、键槽铣刀、直柄麻花钻等。弹簧夹头（卡簧）装入数控刀

图 1.2-1 BT 系列刀柄

柄前端夹持数控铣刀，拉钉拧紧在数控刀柄尾部的螺纹孔中，用于将刀柄拉紧在主轴上。拉钉及弹簧夹头如图 1.2-2 所示。

a) 拉钉

b) 弹簧夹头

图 1.2-2 拉钉及弹簧夹头

（2）莫氏锥度刀柄 可装夹相应的莫氏钻头、莫氏铣刀等。莫氏锥度刀柄如图 1.2-3 所示。

（3）侧固式刀柄 主要用于装夹配套的侧固式铣刀。侧固式刀柄如图 1.2-4 所示。

（4）面铣刀柄 用于装夹面铣刀（盘刀）、可转位铣刀。面铣刀柄如图 1.2-5 所示。

（5）其他常用刀柄 除上述常用刀柄外，在实际切削加工中使用较多的还有用于装夹钻头的整体式钻夹头（图 1.2-6）以及装夹较大切削进给刀具的强力夹头（图 1.2-7）。

图 1.2-3 莫氏锥度刀柄

图 1.2-4 侧固式刀柄

图 1.2-5 面铣刀柄

图 1.2-6 整体式钻夹头

2. JT 系列刀柄

JT 系列刀柄与 BT 系列刀柄基本一致，区别在于 JT 系列刀柄的端面多了一个定位槽，在主轴装夹时有方向定位，BT 刀柄与 JT 刀柄的外观如图 1.2-8 所示。

3. HSK 系列刀柄

HSK 系列刀柄与 BT 系列刀柄类似，拥有各形式的装夹刀具方式，二者的区别在于其刀柄尾部不同。HSK 系列刀柄属于高精度刀柄，一般应用于高速、高精度的高端数控机床。

图 1.2-7　强力夹头

（1）机械装夹刀柄　HSK 系列机械装夹刀柄如图 1.2-9 所示。

a) BT 刀柄

b) JT 刀柄

图 1.2-8　BT 刀柄与 JT 刀柄的外观

（2）整体热装刀柄　近年来，整体热装刀柄的结构形式广泛应用于悬伸较大、精度较高的零件铣削加工中。整体热装刀柄如图 1.2-10 所示。

图 1.2-9　HSK 系列机械装夹刀柄

图 1.2-10　整体热装刀柄

精度和转速较高的机床应用 HSK 刀柄且采用整体热装方式可以显著提高刀具刚度及加工精度，但同时也存在相应的缺点，即刀具更换不如机械装夹方式方便，一个规格的刀具需要对应一个刀柄，还需要配套专用刀具热装仪，刀具热装仪及热装及拆卸原理分别如图 1.2-11 和图 1.2-12 所示。

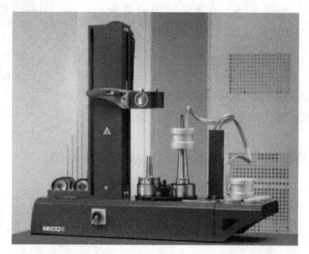

图 1.2-11　刀具热装仪

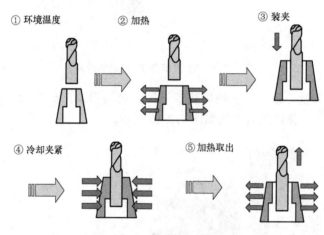

图 1.2-12　热装及拆卸原理

（3）液压刀柄

1）液压刀柄的特点。液压刀柄是一种超高精度的刀具夹头，也是可实现快速装刀强力夹紧的高精度数控刀柄，可实现高速切削加工。液压刀柄具有极高的夹持回转精度（≤3μm）和极高的重复夹紧精度（≤3μm），其夹紧力稳定可靠，所以有很高的转矩传递。

夹紧系统具有全封闭结构，寿命很高。刀具结构特点能够有效地提高切削加工的精度和工件表面质量，显著改善刀具在切削中的受力状态，从而提高刀具使用寿命。液压刀柄样式如图 1.2-13 所示。

2）液压刀柄工作原理。液压刀柄油腔中的专用液压油，通过刀柄本体的环形封闭油腔，均匀地传递到夹持部分，此外油箱内部的液压油增加了结构阻尼，从而达到减小振动、提高加工质量的效果。通过调节压力螺钉可以改变被夹持刀具的夹紧压力。

液压刀柄内部结构如图 1.2-14 所示。

图 1.2-13　液压刀柄样式

图 1.2-14　液压刀柄内部结构

1.2　数控铣削刀具的类型

1. 面铣刀

面铣刀主要用于铣削平面。面铣刀大多数主偏角不大于 90°，主要应用在零件的平面轮廓粗、精加工。面铣刀如图 1.2-15 所示。

图 1.2-15　面铣刀

2. 立铣刀

立铣刀是具有互相垂直的圆周刃和端面刃的铣刀，可同时使用铣刀的圆周刃和端面刃加工 90°的轮廓及台阶面。立铣刀的主要形式有整体硬质合金立铣刀、可转位立铣刀和可换头式模块立铣刀。立铣刀如图 1.2-16 所示。

图 1.2-16　立铣刀

3. 仿形铣刀

仿形铣刀通常是用球头铣刀或者端面装有圆刀片的面铣刀来完成曲面的加工。这种专门用于加工曲面的铣刀称为仿形铣刀，其形式与立铣刀一样，有整体式仿形铣刀、可转位式仿形铣刀和可换头式模块仿形铣刀。仿形铣刀如图 1.2-17 所示。

图 1.2-17　仿形铣刀

4. 槽铣刀

铣槽工序多由三面刃铣刀完成。立铣刀和长刃铣刀常用于各种不同的铣槽工序。槽分为短槽和长槽、闭口槽和开口槽、直槽和非直槽、深槽和浅槽、宽槽和窄槽等，应根据实际情况选取适合刀具。槽铣刀如图 1.2-18 所示。

图 1.2-18　槽铣刀

5. 其他形式刀具

（1）锥度铣刀　锥度铣刀是机械加工中的一种特殊结构铣刀。锥度铣刀主要有直刃锥度铣刀等导程带螺旋角锥度铣刀和等螺旋角锥度铣刀等类型，适合成形锥面的高效加工。锥度铣刀如图 1.2-19 所示。

图 1.2-19　锥度铣刀

因为等螺旋角锥度铣刀切削刃的各个点上有相同的切削角，所以可以选用较大的切削用量，提高生产率。等螺旋角锥度铣刀具有切削平稳、寿命长、工件加工精度高等优点。

（2）成形铣刀（靠模铣刀）　成形铣刀主要是根据典型零件加工轮廓快速加工出定义轮廓形状的加工刀具，可以保证被加工零件的形状和尺寸，适合产品一致性高且批量较大的加工情况，提高生产率。成形铣刀在生产中应用广泛，在齿形类零件加工应用较为普遍。成形铣刀如图 1.2-20 所示。

图 1.2-20　成形铣刀

（3）螺纹铣刀　螺纹铣刀是一种成形加工刀具。在数控加工中，通过三轴联动插补进行螺纹铣削加工。螺纹铣刀主要有整体螺纹铣刀、可换刀片式螺纹铣刀和螺纹成形铣刀等类型。螺纹铣刀如图 1.2-21 所示。

图 1.2-21　螺纹铣刀

（4）倒角铣刀 倒角铣刀是一种成形加工刀具。在数控加工中，倒角铣刀可以用于棱边圆滑处理，也可用于成形角度面加工。倒角铣刀按刀具材质可分为硬质合金和可换刀片等类型。倒角铣刀如图 1.2-22 所示。

图 1.2-22 倒角铣刀

任务2 典型特征铣削加工刀具的选用

【任务描述】 >>>

平面铣削是零件加工最基础的加工内容，编程人员必须根据零件图样的工艺要求，为平面特征的加工选取合适的刀具及切削用量，否则会使刀具使用寿命、平面加工效率等受到影响，且加工出的平面几何精度无法满足图样工艺要求。本任务主要介绍平面特征加工的常用刀具的加工特点及选用方法。

【学习目标】 >>>

1. 了解平面铣削加工常用刀具及其加工特点。
2. 根据零件图样工艺要求，为平面特征的加工选取合适的刀具及切削用量。

【能力目标】 >>>

根据零件图样对平面特征的要求，为加工特征选取合适的加工刀具，能够控制影响加工特征和加工质量的因素，保证相关特征的加工质量在图样工艺要求范围内。

2.1 平面铣削刀具的选用

面铣是最常见的铣削工序，包括普通面铣、重载面铣和修光刃刀片精铣等，不同的面铣工序可使用多种不同的刀具来执行。

1. 常用面铣刀

普通面铣刀根据切削深度和每齿进给量选用，最常用的是主偏角为 10°~65° 的面铣刀，此范围内的面铣刀，在长悬伸和装夹刚度差时，可以减少振动，同时应用切屑减薄效应可实现更高的生产率。图 1.2-23 所示为常用面铣刀，通常每个刀片有四个切削刃，可以实现平稳的切削，以降低切削力，易于实现高生产率。

2. 重载面铣刀

重载面铣是指在大型龙门铣床、大功率铣床或加工中心中，对锻造或热轧材料的毛坯、铸件和焊接结构件进行粗铣。因为要去除大量的材料，会产生高温和高切削力，所以对铣削刀片提出了更高的要求。铣刀主偏角为 60°时，可确保铣刀具备良好的切削能力和相对均匀的切削力，常用重载面铣刀如图 1.2-24 所示。

图 1.2-23　常用面铣刀

3. 带修光刃刀片面铣刀

在使用大型面铣刀的精加工工序中，通常需要保持低进给，而使用配备修光刃刀片的铣刀时，可将进给提高 2~3 倍且不会影响表面质量。修光刃刀片适用于具有调整装置且直径较大的超密齿铣刀中以高进给进行加工的工况，对大多数材料都能加工出良好的表面效果带修光刃刀片面铣刀如图 1.2-25 所示。

图 1.2-24　常用重载面铣刀

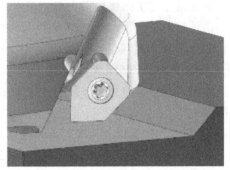

图 1.2-25　带修光刃刀片面铣刀

2.2　台阶面铣削刀具的选用

台阶面铣削需要同时加工两个或更多的表面，是一种将圆周铣削与面铣相结合的加工方式，能够加工出真正的 90°台阶。进行台阶面铣削时，可使用传统方肩铣刀，也可使用立铣刀及三面刃铣刀，加工时需要根据工序要求，选择适合的铣刀。

1. 方肩铣刀

方肩铣刀属于通用铣刀，常用于孔加工及铣削 90°浅台肩，适用于铣削垂直面或靠近垂直面的平面。方肩铣刀如图 1.2-26 所示。

2. 立铣刀

立铣刀是铣削加工中最常用的刀具之一，包括可转位立铣刀和整体硬质合金立铣刀，如图 1.2-27 所示。

图 1.2-26　方肩铣刀

图 1.2-27　立铣刀

2.3　曲面轮廓铣削刀具的选用

曲面轮廓铣削是一种常见的铣削工序，可分为粗铣、中等粗铣、半精加工、精加工和超精加工五种类型。通常利用圆刀片铣刀和大圆角铣刀进行粗加工和半粗加工，利用球头铣刀进行精加工和超精加工。轮廓铣削还包括二维和三维不规则形状的多轴铣削。加工的零件越大以及结构越复杂，轮廓铣削加工过程就越复杂。

1. 刀具选择

针对不同工况的轮廓铣削需要选用不同的铣削刀具，圆刀片铣刀和大圆角铣刀用于粗加工和中等粗加工，球头铣刀和圆角铣刀用于精加工和超精加工。

轮廓铣削可利用多种刀具，选择合适的刀具可以在减少刀具磨损的同时提高加工效率。选择刀具前应仔细观察零件的轮廓，以选择合适的刀具并找到最合适的加工方法。刀具的选择依据如下：

1）确定最小刀尖圆弧和最大型腔深度。

2）估计材料去除量。

3）考虑刀具装夹和工件夹紧以避免振动。所有加工都应在加工能力适合的机床上进行，从而实现良好的轮廓几何精度。

4）利用传统刀具对大型零件进行粗加工和半精加工以实现高生产率，然后利用轮廓铣刀进行精加工。

不同类型的轮廓铣削刀具的应用范围见表 1.2-1。

表 1.2-1　不同类型的轮廓铣削刀具的应用范围

应用范围	刀具类型		
	圆刀片铣刀	球头可转位铣刀	球头整体硬质合金铣刀
粗加工	优秀	良好	可接受
精加工	可接受	可接受	优秀
切削深度 a_p	中等	中等	小
通用性	优秀	优秀	优秀
生产率	优秀	良好	良好

2. 曲面轮廓铣削工艺参数

（1）切削速度　当使用球头铣刀或圆刀片铣刀的公称直径来计算刀具的切削速度时，如果切削深度 a_p 较浅，则实际切削速度 v_c 将低得多，工作台的进给和生产率将严重受限，所以应根据参与切削的实际或有效直径 D_w 计算切削速度，计算公式为

$$v_c = \frac{\pi n D_w}{1000} \tag{1.2-1}$$

（2）有效直径（图 1.2-28）　球头铣刀有效直径计算公式为

$$D_w = 2 \times \sqrt{a_p(DC - a_p)} \tag{1.2-2}$$

3. 曲面轮廓铣铣削方式

（1）点铣　使用球头铣刀加工时，如图 1.2-29 所示。刀具中心处的切削速度接近于零，

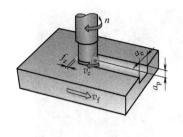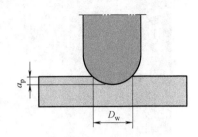

图 1.2-28　有效直径示意图

不利于切削过程的进行，甚至会产生磨刀现象。且由于球头铣刀横刃处的空间较窄，所以应注意刀具中心的排屑情况。因此，建议将主轴或工件倾斜 $10° \sim 15°$，以使切削区域远离刀具中心。这样可以提高切削速度、延长刀具寿命并保证表面质量。

（2）浅切　圆刀片铣刀或球头铣刀切削深度较小时，如图 1.2-30 所示。切削刃切削负荷较小，因此可提高切削速度 v_c。此外，由于切屑减薄效应的原因，还可增加每齿进给量 f_z。

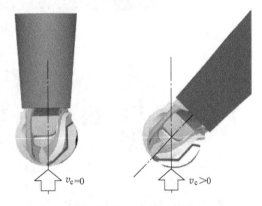

图 1.2-29　点铣示意图

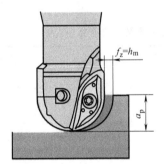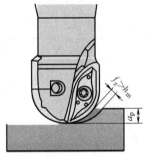

图 1.2-30　浅切示意图

2.4　孔铣削加工刀具的选用

1. 钻孔加工

钻孔加工是指用钻头等刀具在实体材料上加工出孔的操作，钻孔加工示意图如图 1.2-31 所示。孔加工通常安排在铣削工艺的最后阶段进行。孔加工看似简单，却是一种复杂的工序，因为刀具一旦发生故障或超出其能力范围，就可能造成断刀等严重后果。

按照孔的工艺用途，常见孔类型主要有带螺栓间隙的孔、带螺纹的孔、埋头孔、压配孔、滑配孔、形成通道的孔和用于平衡去重的孔等，如图 1.2-32 所示。

2. 常用钻孔加工刀具

常用钻孔加工的刀具主要有中心钻、麻花钻、可转位刀片钻头和可换刀头钻（U 钻）

图 1.2-31 钻孔加工示意图

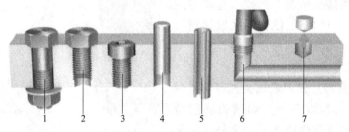

图 1.2-32 常见孔类型

1—带螺栓间隙的孔 2—带螺纹的孔 3—埋头孔 4—压配孔 5—滑配孔 6—形成通道的孔 7—用于平衡去重的孔

等。常见钻孔刀具及应用简介见表 1.2-2。

表 1.2-2 常见钻孔刀具及应用简介

名称	样式图	加工特点	应用范围
中心钻		定心精度高	通常用于钻孔前的定位加工
麻花钻		常规钻孔刀具,刀具成本低廉。孔径较小以及要求更严密的孔公差时的首选	小直径孔;严密或精密公差孔;浅孔到相对较深的孔

（续）

名称	样式图	加工特点	应用范围
可转位刀片钻头		单孔成本更低,因此始终被视为首选,也是通用性非常高的刀具	中等和大直径孔;中等公差要求;需要"平"底的不通孔;插钻或镗削工序
可换刀头钻（U钻）		加工中等直径孔的首选,其刀头可换能够提供经济的解决方案	中等直径孔;严密的孔公差;钢制钻体可确保强度;浅孔到相对较深的孔

3. 钻孔加工工艺

钻孔前应仔细考虑各种影响因素以确保孔的质量,选择钻孔加工刀具时应该综合考虑加工孔的孔径、孔深、孔型和精度要求,同时注意被加工材料的断屑性能、材料硬度等。

（1）钻孔加工切削参数的选择

1）切削速度。切削速度是影响刀具寿命和功率的主要因素。切削速度过高时会产生较高的温度,增加后刀面磨损。当加工某些硬度较低的长切屑材料（如低碳钢）时,较高的切削速度有利于切屑形成,但是会出现后刀面磨损过快、塑性变形、孔质量变差等现象;切削速度过低时则容易出现积屑瘤、延长切削时间等现象。综上所述,应综合判断各影响因素,选取适宜的切削速度。

2）进给率。进给率的选择会对切屑形成、表面质量和孔的质量产生影响。进给率过高,不仅会产生过大的进给力,而且增加了钻头崩刃的风险;低进给率虽然可以提高孔的精加工质量,但会加剧刀具的磨损。

（2）中小直径孔钻削　钻削中小直径孔时,有三种刀具可供选择:整体硬质合金钻头、可换头钻头和可转位刀片钻头。加工时还需要考虑孔公差、长度和孔径三个重要参数。

（3）高质量孔加工

1）排屑条件。排屑条件会影响孔的质量和刀具寿命。

2）刀具装夹。使用尽可能短的钻头,使用跳动量较小的高精度刚性刀柄,以确保机床主轴状况良好。

3）刀具寿命。应经常检查刀片的磨损情况,以确保刀片的工作状态。

（4）孔加工走刀路径确定原则

1）最短路径原则。对于位置精度要求不高的孔系加工,定位精度由机床的精度保证,在这种情况下对刀具路径没有较高的要求,可以按最短刀具路径的原则来安排刀具路径。

2）最优路径原则。对于位置精度要求较高的孔系加工,就需要注意孔加工的刀具路径。刀具路径的方向在每个坐标轴上要向同一个方向移动,不能反向,以避免产生反向间隙误差。

2.5　螺纹铣削加工刀具的选用

1. 螺纹铣削加工

如图 1.2-33 所示，螺纹铣削加工是在圆柱面上加工出特殊形状螺旋槽的过程。螺纹的类型众多，有适合不同螺纹牙型和螺距的加工方法和刀具。加工螺纹之前除需要考虑螺纹牙型、螺距外，还需要考虑螺纹的旋向、线数、公差（牙型、位置）等因素，以确保螺纹加工质量。

2. 螺纹铣削刀具

常用的螺纹铣削刀具有丝锥及螺纹铣刀。丝锥攻螺纹在很多种机床上都可以进行，一把丝锥只能用于一种孔径螺纹的加工，容易出现底孔精度问题，导致加工出的螺纹精度及表面粗糙度较差，丝锥攻螺纹如图 1.2-34 所示。螺纹铣刀则灵

图 1.2-33　螺纹铣削加工

活性好且能实现高精度、低表面粗糙度值的螺纹孔加工，所以应用得越来越广泛，螺纹铣刀铣削螺纹如图 1.2-35 所示。

图 1.2-34　丝锥攻螺纹

图 1.2-35　螺纹铣刀铣削螺纹

3. 螺纹铣削工艺

（1）选择铣削刀具直径　螺纹铣刀直径越小越容易加工出高质量的螺纹，因为铣刀加工螺纹时将在螺纹牙型的牙底产生微小的形状误差，如图 1.2-36 所示。以内螺纹铣削为例，螺纹加工直径、铣削刀具直径与螺距之间的关系将影响到实际切宽，从而增加螺纹牙底的偏差。为了确保最小牙型偏差，铣削刀具直径应不超过螺纹加工直径的 70%。

（2）螺纹铣削路径　螺纹铣削能够沿路径利用顺铣或逆铣加工出右旋或左旋螺纹。铣削螺纹时，应沿平稳路径进行螺纹铣刀的进刀和退刀，即螺旋式切入和切出。螺纹铣削机床需要具备同时沿 X 轴、Y 轴和 Z 轴移动的机床，螺纹直径由 X 轴和 Y 轴决定，螺距则由 Z 轴控制，如图 1.2-37 所示。

当加工右旋内螺纹时，刀具应定位在孔底部的位置，然后沿逆时针方向向上移动，以确保以顺铣方式铣削螺纹。当加工左旋内螺纹时，铣刀可沿相反的方向由上向下移动铣削螺纹。

内、外螺纹及其旋向可参考图 1.2-38 所示的铣削路径。

（3）走刀次数　如图 1.2-39 所示，当铣削大螺距螺纹时，需要利用多次走刀完成，以

防止刀具在加工难切削材料时发生崩刃现象。通过多次走刀进行螺纹铣削还能有效减少刀具偏斜，改善螺纹偏差。

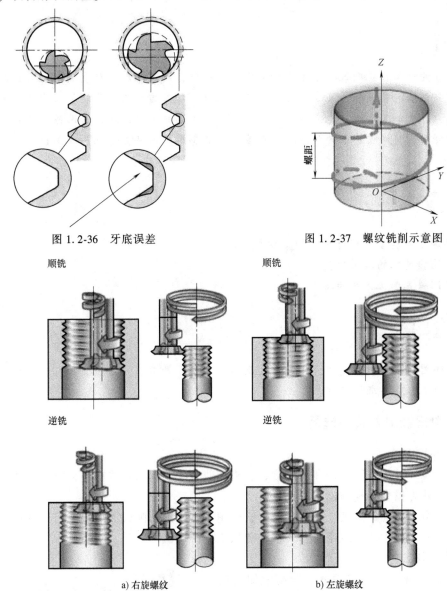

图 1.2-36　牙底误差

图 1.2-37　螺纹铣削示意图

顺铣　　　　　　　　　　　　　　　顺铣

逆铣　　　　　　　　　　　　　　　逆铣

a) 右旋螺纹　　　　　　　　　　　　b) 左旋螺纹

图 1.2-38　内、外螺纹及其旋向路径示意图

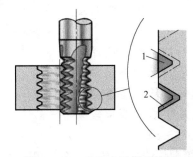

图 1.2-39　多次走刀螺纹铣削

任务3 复杂特征铣削加工刀具的选用

【任务描述】 ▷▷▷

沟槽特征的加工在铣削过程中占有十分重要的地位，而且其加工难度较高。沟槽加工的难度在于需要根据沟槽类型、尺寸、几何要求选取满足加工质量与效率的加工方式，内容包括选择立式、卧式加工方法，适宜刀具的选取还有加工过程中走刀路线的选择。这些工艺内容的选取都会对最终沟槽特征的加工质量产生很大的影响。本任务旨在为加工出高质量的沟槽提供指导。

【学习目标】 ▷▷▷

1. 了解沟槽的类型及相对应的加工方式。
2. 了解沟槽特征的加工刀具。
3. 掌握沟槽各加工方式的特点。

【能力目标】 ▷▷▷

根据零件图样中沟槽的类型，完成刀具及其走刀方式等工艺方法的确定，能够加工出满足零件图样尺寸公差要求的特征。

3.1 沟槽铣削刀具的选用

1. 沟槽铣削方式

槽分为短槽和长槽、闭口槽和开口槽、直槽和非直槽、深槽和浅槽等，由槽宽和槽深以及槽长决定选用宽槽和窄槽的加工刀具。

铣槽通常分为三面刃铣及立铣，三面刃铣适用于大批量铣削长深槽的工况，特别是在使用卧式铣床时；立铣则广泛应用于立式铣床和加工中心对槽的加工。

2. 沟槽铣削工艺

（1）三面刃铣 三面刃铣适用于高效加工长槽、深槽和开口槽，也可以将铣刀组成一排，在同一平面上同时加工多个槽，三面刃铣槽如图1.2-40所示。

图 1.2-40 三面刃铣槽

在使用三面刃铣刀对槽进行加工时，选择铣刀尺寸、齿距与工件的位置时应确保始终至少有一条切削刃参与切削，同时选择最佳切屑厚度以实现最佳每齿进给量。当槽的加工质量要求较高时，应检查机床功率和转矩是否符合要求。

使用三面刃铣槽应优先选用顺铣的加工方式，在与切削力方向相切的方向上使用一个牢固的挡块固定，如图 1.2-41 所示。但当材料刚度不足或加工较深的槽时，这种方式容易因装夹刚度差和挤屑导致槽加工质量不高，此时应选用逆铣的方式进行加工，如图 1.2-42 所示。

图 1.2-41 三面刃顺铣

图 1.2-42 三面刃逆铣

（2）立铣 立铣方式通常用来加工较短、较浅的槽（特别是闭口槽和型腔）以及键槽，立铣刀能够铣削直槽、曲线槽、角度槽以及比刀具直径更宽、特定形状的型腔，还能切削负荷较重的开槽。

1）立铣刀具的选用。在使用立铣刀铣槽时，应最大限度地缩短刀具伸出长度，即尽可能缩短刀具悬伸，提高切削立铣刀具的刚度。还需要考虑每个刃口的进给，以加工出符合要求的切屑厚度。同时应尽可能采用最佳长径比来保证稳定性，不同类型的立铣刀具的应用范围见表 1.2-3。

表 1.2-3 不同类型的立铣刀具的应用范围

应用范围	刀具类型			
	整体硬质合金立铣刀	方肩面铣刀	长刃铣刀	可换头立铣刀
粗加工	优秀	良好	优秀	可接受
精加工	优秀	良好	可接受	优秀
切削深度 a_p	大	中等	大	小
通用性	优秀	良好	可接受	优秀
生产率	优秀	良好	优秀	良好

2）立铣加工方式有满槽铣和键槽铣削。

① 满槽铣。满槽铣指铣削两端都封闭的槽，需要使用具有坡走能力的立铣刀。轴向切削深度通常应控制在切削刃长度的 70% 左右，加工过程中还应考虑机床刚度和排屑性能。立铣刀对切削力的变化比较敏感，特别是在悬伸较长时，要注意避免偏斜和振动的发生，满

槽铣加工如图 1.2-43 所示。

② 键槽铣削。铣削键槽时由于切削力方向和刀具直径的原因，一次铣出槽的垂直度通常无法满足要求，因此需要采用过尺寸铣刀且分粗、精加工，以实现最佳精度和生产率，如图 1.2-44 所示。

第一步键槽铣削，即满槽粗加工；第二步侧铣，即在槽侧壁进行精加工，通过逆铣加工出 90°方肩。在精加工工序中，应保持小切宽，以免铣刀偏斜，铣刀偏斜是造成表面质量差与垂直度误差的主要原因。

图 1.2-43 满槽铣加工

3. 铣槽走刀方式

（1）传统铣槽 这种走刀方式由传统的三轴机床即可完成，能够实现很高的材料去除率，且编程简单，刀具选择范围广。但是这种走刀方式容易产生高径向切削力，对振动也较为敏感，在加工深槽时需要重复走刀，如图 1.2-45 所示。

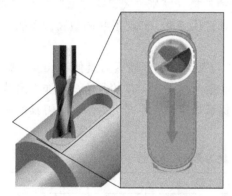

图 1.2-44 分两步进行键槽铣削

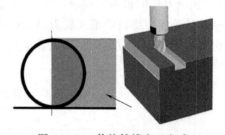

图 1.2-45 传统铣槽走刀方式

（2）摆线铣 这种走刀方式产生的径向切削力低，在铣削深槽时偏斜最小，有良好的排屑性能。但是这种走刀方式的铣刀直径最大应为槽宽的 70%，且编程较复杂，如图 1.2-46 所示。

（3）插铣 该种铣削方式适用于机床功率低或装夹刚度差的加工，但在稳定工况下的生产率较低，需要外加残料铣削或精加工工序，而且端面切削可能会妨碍排屑，刀具选择范围也很有限，插铣走刀方式如图 1.2-47 所示。

3.2 曲面铣削刀具的选用

1. 曲面铣削刀具

（1）球头铣刀 如图 1.2-48 所示，球头铣刀底部切削刃为球形。球头铣刀在模具加工

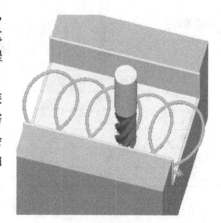

图 1.2-46 摆线铣走刀方式

领域应用广泛，尤其是在铣削 3D 模具中，球头铣刀更是不可缺少的刀具。因为球头铣刀没有端铣刀底部为尖点的切削刃，而是带有 R 角的切削刃，所以球头铣刀的切削刃强度大，不易崩坏。除此之外，球头铣刀与工件接触的区域为具有 R 角的切削刃，因此在精加工时，刀间距可选用更大的数值，加工面也有极佳的效果。综上，不论是考虑刀具寿命或是加工效率，球头铣刀都是曲面加工时不错的选择。但在铣削曲面时，球头铣刀虽然与工件接触的区域为 R 角的切削刃，但是实际的接触位置却会随着工件的形状而改变。

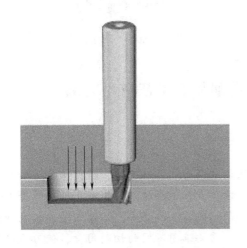 

图 1.2-47　插铣走刀方式　　　　　　　　图 1.2-48　球头铣刀

（2）圆鼻铣刀　如图 1.2-49 所示，圆鼻铣刀是铣削曲面时另外一种常用刀具，球头铣刀本身会随着与工件接触位置的不同导致切削速度有较大变化，所以加工表面质量不稳定。圆鼻铣刀也存在类似情况，但它切削速度的变化不像球头铣刀那样大，因此使用圆鼻铣刀加工的工件，加工表面质量比较稳定。

除此之外，圆鼻铣刀比球头铣刀、面铣刀加工效率高，尤其是在粗加工时，圆鼻铣刀底部是平的，可以用较大的水平间距。在精加工时，它同样拥有球头铣刀的优点，间距也可以用更大的数值。不论是用于粗加工还是精加工，圆鼻铣刀都是非常合适的选择。

2. 曲面加工进给路线

不同类型的曲面适用于不同的刀具进给路线，在加工曲面时，合适的加工刀路不仅有利于提高切削效率，而且会提高加工表面的质量。

加工曲面时，应该将保证加工表面质量放在首位，在此基础上应尽可能减少刀路，这样一方面可以简化程序段，另一方面能提高加工效率。以铣削最常见的直纹曲面为例，较为适用的方式是使用球头铣刀行切加工。行切法指刀具在加工表面上的刀路轨迹是平行的线段，行切法进给路线如图 1.2-50 所示。行间距根据零件加工精度要求确定，走刀路线与曲面弯曲方向平行，在实际加工中，会使加工刀路延伸出曲面边界，避免有加工残留的情况发生。

在行切法中，根据曲面表面粗糙度值及与相邻表面不发生干涉来综合选取行间距的数值。使用的铣刀刀头半径应尽可能大，这样有利于刀具散热。

图 1.2-49　圆鼻铣刀

图 1.2-50　行切法进给路线

任务4　数控铣削加工工艺应用案例

【任务描述】》》

　　零件的工艺编程重点在于装夹方式及切削参数的正确选用，应根据零件的毛坯形状及零件图样的要求确定好装夹方案，然后分析零件具体轮廓特征，依据先粗后精等工艺原则确定好工艺流程，将确定好的切削用量以指令的形式写入程序中。切削用量包括主轴转速、背吃刀量及进给速度等。对于不同的加工方法，需要选用不同的切削用量，使刀具保持最大的切削效率。本任务的内容以具体零件的加工出发，详细介绍零件加工工艺确定流程。

【学习目标】》》

　　1. 了解零件加工工艺分析流程。
　　2. 能根据相关特征合理选用切削用量。

【能力目标】》》

　　根据零件图样要求，分析完成加工工艺，确定好主轴转速、进给量等内容，保证加工出符合零件图样要求的零件。

4.1　铣削工艺综合应用实例1

1. 任务说明

　　图 1.2-51 和图 1.2-52 所示分别为槽轮机构中关键结构槽轮的零件图和三维图，槽轮结构复杂，正反两面均需要加工。其加工内容包括平面、曲线凹槽、六方凸台以及光孔等，需要多把刀具配合完成零件的加工，加工精度要求较高，最高可达 IT7。零件的毛坯材料采用铝料，零件工艺按照单件的生产方式处理。

2. 任务实施

　　(1) 工艺分析　该零件需要对外形轮廓、弧形槽、凸台和光孔进行加工。为保证零件的加工效率及其表面质量，编程前必须详细分析图样中各部分的加工方法及走刀路线，选择合理的装夹方案和加工刀具，从而保证零件的加工精度要求。

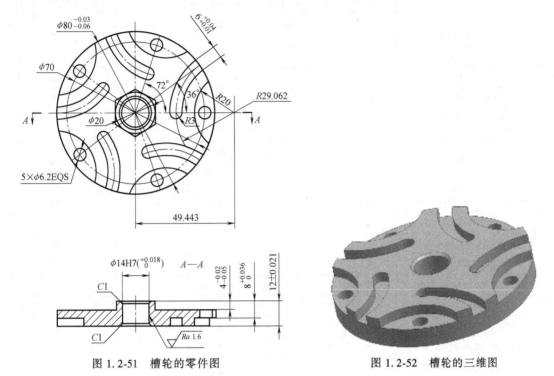

图 1.2-51　槽轮的零件图　　　　　　　　图 1.2-52　槽轮的三维图

考虑到槽轮的毛坯形状，可以采用自定心卡盘完成夹持。首先加工特征较多的一面，然后加工另一面。槽轮上表面半圆槽属于半开放槽，加工方式宜采用零件外下刀的动态铣削方式，考虑到切削量较大，可以使用 ϕ12mm 硬质合金立铣刀加工。弧形槽的尺寸公差为 0.03mm，可以将尺寸的中值作为最后加工尺寸，通过加刀补的方式实现。弧形槽尺寸采用 ϕ4mm 的硬质合金立铣刀完成粗、精加工。上表面最后加工孔特征，针对孔加工的特点，采用先定心后打孔的加工方式。

（2）刀具及工艺参数选择

1）半圆槽粗加工。粗加工半圆槽时，可以将加工刀具下刀方式选取为工件外下刀，由于粗加工刀具时刀具负载较大，且应以快速去除多余余量为首要目标，因此为保持刀具有足够的刚度，应该选取直径值较大的立铣刀完成加工。为保证有足够的容屑能力、减少粘刀现象，应该选用四刃硬质合金立铣刀完成外轮廓的粗加工，硬质合金立铣刀选择过程如下：

① 选择刀具型号（JHP950120.0-MEGA-64），见表 1.2-4。

表 1.2-4　选择刀具型号

型号	图样 A/B/C/D	尺寸/mm						α	Weldon 侧固	圆柱形	Z_n
		DC	dm_m	l_2	a_p	r_{s1}	c				
950030-MEGA-64	C	3	6	50	6	—	0.1	7°	■		3
950030.0-MEGA-64	C	3	6	50	6	—	0.1	7°		■	3
950030R020.0-MEGA-64	D	3	6	50	6	0.2	—	7°	□	■	3

（续）

型号	图样 A/B/C/D	尺寸/mm						α	Weldon 侧固	圆柱形	Z_n
		DC	dm_m	l_2	a_p	r_{s1}	c				
950030R050.0-MEGA-64	D	3	6	50	6	0.5	—	7.5°	□	■	3
950040-MEGA-64	C	4	6	50	8	—	0.15	4°	■		4
950040.0-MEGA-64	C	4	6	50	8	—	0.15	4°		■	4
950040R020.0-MEGA-64	D	4	6	50	8	0.2	—	4°	□	■	4
950040R050.0-MEGA-64	D	4	6	50	8	0.5	—	4°	□	■	4
950050-MEGA-64	C	5	6	50	10	—	0.2	2°	■		4
950050.0-MEGA-64	C	5	6	50	10	—	0.2	2°		■	4
950050R020.0-MEGA-64	D	5	6	50	10	0.2	—	2°	□	■	4
950050R050.0-MEGA-64	D	5	6	50	10	0.5	—	2°	□	■	4
950060-MEGA-64	A	6	6	55	12	—	0.2	—	■		4
950060.0-MEGA-64	A	6	6	55	12	—	0.2	—		■	4
950060R020.0-MEGA-64	B	6	6	55	12	0.2	—	—	□	■	4
950060R050.0-MEGA-64	B	6	6	55	12	0.5	—	—	□	■	4
950080-MEGA-64	A	8	8	60	16	—	0.3	—	■		4
950080.0-MEGA-64	A	8	8	60	16	—	0.3	—		■	4
950080R020.0-MEGA-64	B	8	8	60	16	0.2	—	—	□	■	4
950080R050.0-MEGA-64	B	8	8	60	16	0.5	—	—	□	■	4
950080R100.0-MEGA-64	B	8	8	60	16	1	—	—	□	■	4
950100-MEGA-64	A	10	10	70	20	—	0.3	—	■		4
950100.0-MEGA-64	A	10	10	70	20	—	0.3	—		■	4
950100R050.0-MEGA-64	B	10	10	70	20	0.5	—	—	□	■	4
950100R100.0-MEGA-64	B	10	10	70	20	1	—	—	□	■	4
950120-MEGA-64	A	12	12	80	25	—	0.4	—	■		4
950120.0-MEGA-64	A	12	12	80	25	—	0.4	—		■	4
950120R050.0-MEGA-64	B	12	12	80	25	0.5	—	—	□	■	4
950120R100.0-MEGA-64	B	12	12	80	25	1	—	—	□	■	4
950160-MEGA-64	A	16	16	90	30	—	0.5	—	■		4
950160.0-MEGA-64	A	16	16	90	30	—	0.5	—		■	4
950160R050.0-MEGA-64	B	16	16	90	30	0.5	—	—	□	■	4
950160R100.0-MEGA-64	B	16	16	90	30	1	—	—	□	■	4
950200R050-MEGA-64	B	20	20	100	40	0.5	—	—		■	4
950200R100-MEGA-64	B	20	20	100	40	1	—	—		■	4
950250R050-MEGA-64	B	25	25	125	50	0.5	—	—		■	4
950250R100-MEGA-64	B	25	25	125	50	1	—	—		■	4

② 确定刀具切削参数（$a_p \times DC = 1$，$v_c = 140 \text{m/min}$，$f_z = 0.12 \text{mm/z}$），见表 1.2-5。

表 1.2-5　确定刀具切削参数

SMG	冷却液	$a_p \times DC$	$a_e \times DC$	v_c /(m/min)		铣槽 DC/mm									
						3	4	5	6	8	10	12	16	20	25
1~2	E/M/A	1.00	1.00	140 (120~160)	n/(r/min)	14850	11140	8910	7430	5570	4460	3710	2790	2230	1780
					f_z/mm	0.03	0.04	0.05	0.06	0.08	0.1	0.12	0.16	0.2	0.25
					v_f/(mm/min)	1335	1780	1780	1785	1780	1785	1780	1785	1785	1780
3~4	E/M/A	1.00	1.00	120 (100~140)	n/(r/min)	12730	9550	7640	6370	4770	3820	3180	2390	1910	1530
					f_z/mm	0.03	0.04	0.05	0.06	0.08	0.1	0.12	0.16	0.2	0.25
					v_f/(mm/min)	1145	1530	1530	1530	1525	1530	1525	1530	1530	1530
5~6	E/M/A	1.00	1.00	100 (80~120)	n/(r/min)	10610	7960	6370	5310	3980	3180	2650	1990	1590	1270
					f_z/mm	0.021	0.028	0.035	0.042	0.056	0.07	0.084	0.112	0.14	0.175
					v_f/(mm/min)	670	890	890	890	890	890	890	890	890	890
12~13	E/M/A	1.20	1.00	175 (150~200)	n/(r/min)	18570	13930	11140	9280	6960	5570	4640	3480	2790	2230
					f_z/mm	0.03	0.04	0.05	0.06	0.08	0.1	0.12	0.16	0.2	0.25
					v_f/(mm/min)	1670	2230	2230	2225	2225	2230	2225	2225	2230	2230
14~15	E/M/A	1.00	1.00	150 (125~175)	n/(r/min)	15920	11940	9550	7960	5970	4770	3980	2980	2390	1910
					f_z/mm	0.03	0.04	0.05	0.06	0.08	0.1	0.12	0.16	0.2	0.25
					v_f/(mm/min)	1435	1910	1910	1910	1910	1910	1910	1905	1910	1910

数控加工刀具卡见表 1.2-6。

表 1.2-6　数控加工刀具卡

序号	刀具名称	直径/mm	刀具型号	刀具厂家
1	立铣刀	ϕ12	JHP950-MEGA-64	山高
2	立铣刀	ϕ10	JS720100D2R050.0Z6-HXT	山高
3	立铣刀	ϕ4	JHP951040F2R020.0Z4-SIRA	山高
4	立铣刀	ϕ4	JHP951040F2R020.0Z4-SIRA	山高
5	钻头	ϕ5.8	SD203A-02188-083-0236R1-M	山高
6	铰刀	ϕ6.2	NF10-6.334H7-EB45 RX2000	山高

2）半圆槽精加工。精加工半圆槽时，为保证加工完成后表面质量，需要刀具加工过程十分平稳，所以应选用多刃立铣刀完成精加工。由于切削负荷减小的缘故，可以选用直径值较小的立铣刀完成加工，但进给速度不应该过快，从而保证加工表面的质量。

3）弧形槽粗加工。对弧形槽进行粗加工时，需要考虑弧形槽尺寸，同时兼顾刀具的加工刚度，保证弧形槽粗加工的效率。

4）弧形槽精加工。弧形槽的精加工较之粗加工，可以通过改变切削参数的方式采用同样型号的刀具来完成加工。

5）光孔粗加工。光孔的粗加工负责在实体材料上开粗完成孔特征多余余量的去除工作，由于加工过程中的切削环境很差，所以需要钻头具备很强的定心能力与强度。

6）光孔精加工。光孔的粗加工只是完成特征的开粗工作，孔的尺寸公差需要在精加工工序利用铰刀等精加工刀具得以保证。

（3）装夹方案的确定 工件毛坯为圆形，使用自定心卡盘装夹工件，为保证足够夹持力，工件上表面高出钳口8mm左右，使用千分表找正固定钳口平行度及工件上表面平行度，从而确保精度要求。

（4）切削参数的确定 零件毛坯尺寸为圆形结构，在工件中心建立工件坐标系，Z轴原点设在工件上表面。

1）半圆槽加工。槽轮周边的半圆槽属于半开放槽，因此可以将刀具从边界外下刀切入工件，从而保证槽的铣削质量。半圆槽加工刀路如图1.2-53所示。利用φ12mm立铣刀进行粗加工，主轴转速为8000r/min，进给速度为3000mm/min，每次切削深度为2mm。精加工时利用φ10mm立铣刀完成加工，主轴转速提高至9000r/min，进给速度降低至1500mm/min。

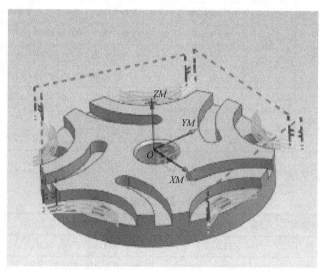

图1.2-53 半圆槽加工刀路

2）弧形槽加工。弧形槽加工方式与半圆槽相似，下刀方式同样为从边界外下刀，根据弧形槽的尺寸，需要选用φ4mm的立铣刀进行加工。弧形槽加工刀路如图1.2-54所示，刀路使用单线切割完成加工。粗加工时主轴转速为8000r/min，进给速度为2500mm/min。精加工时主轴转速为9000r/min，进给速度为1500mm/min。

3）光孔加工。孔加工属于零件加工的最后一步，孔加工首先需要使用定心钻进行定心，防止后续钻孔过程中刀具因为钻偏发生断刀现象，且加工过程中需要抬刀以助于排屑。光孔加工刀路如图1.2-55所示。使用钻头钻削时，主轴转速为1200r/min，进给速度控制在200mm/min。使用铰刀精加工时可以适当提高主轴转速至3000r/min，为保证加工精度，进给速度保持在200mm/min。

（5）注意事项

1）铣削外轮廓时，刀具应在工件外下刀，避免刀具快速下刀时与工件发生碰撞。

2）精加工时，刀具应切向切入和切出工件。在进行刀具半径补偿时，切入和切出圆弧半径应大于刀具半径补偿设定值。

3）精加工时，应采用顺铣方式，以提高尺寸精度和表面质量。

4）铣削弧形槽的内圆弧时，应注意降低刀具进给率。

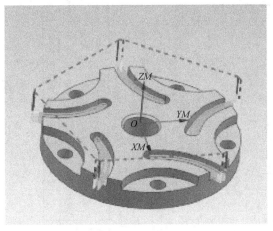 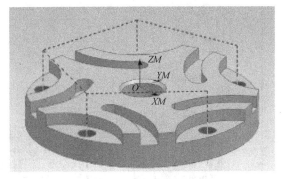

图 1.2-54 弧形槽加工刀路　　　　　图 1.2-55 光孔加工刀路

4.2 铣削工艺综合应用实例 2

1. 任务说明

该零件结构复杂，需要正反面加工，每一面上都特征众多，有很高的几何公差要求，需要谨慎确定装夹方案。

1）本实例取壳体转接底座。如图 1.2-56 所示，此零件表面粗糙度要求较高，最高为 $Ra1.6\mu m$，零件结构中有外圆柱面、内圆柱面及通槽等结构。零件材料为 45 钢，毛坯尺寸为 $\phi120mm \times 75mm$。

2）工件毛坯属于对称结构，为便于加工编程，首先加工出工件总体结构轮廓，再分别加工上面两部分结构，正面加工工序完成后，翻面装夹，铣削下表面去料，此时，注意对已加工表面的保护。

2. 任务分析

1）由零件图可知，此零件图尺寸标注齐全，有表面粗糙度要求，零件结构中有外圆柱面、内圆柱面及通槽等结构。

2）工件毛坯属于对称结构，为便于加工编程，首先加工出工件总体结构轮廓，再分别加工上面两部分结构。正面加工工序完成后，翻面装夹，铣削下表面去料，此时应注意对已加工表面的保护。

3. 任务实施

（1）工艺分析

1）机床及装夹方式的选择。选择数控加工中心完成工件的加工。由于工件毛坯为圆柱形结构，因此选用自定心卡盘装夹。

2）量具选择。精度要求高，用 0~150mm 数显游标卡尺，用百分表找正工件装夹。

3）刀具选择。工件的表面加工量较大，首先用规格 $\phi20mm$ 可转位铣刀铣削六方凸台及外圆柱面，再翻面加工另一面所有轮廓，这样可以保证工件的一次装夹可以完成大部分的加工任务，对于凸台结构的零件适宜选取方肩铣刀，同时完成侧面与底面的加工。铣刀选择

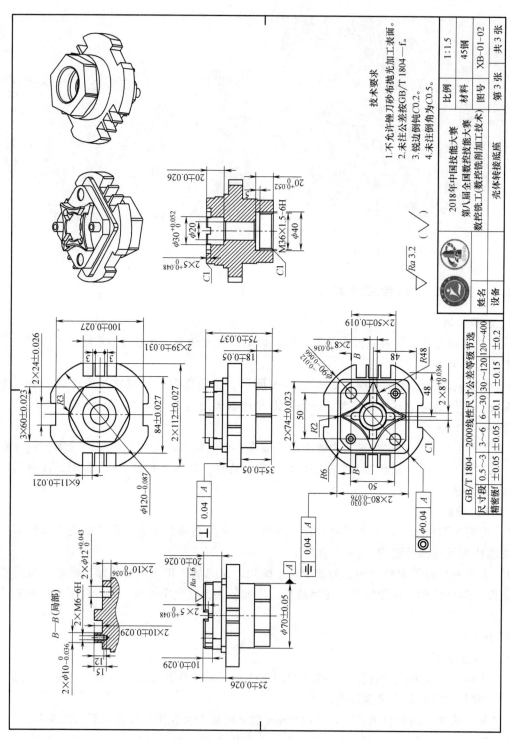

图 1.2-56　壳体转接底座零件图

过程如下：

① 选择刀具型号（R217.69-2020.0-10-3A），见表 1.2-7。

表 1.2-7 选择刀具型号

型号	尺寸/mm							⊕	KG	🔧	装配形式	◇
	DC	dm_m	l_2	l_p	l_s	l_c	a_p					
R217.69-1616.0-10-2A	16	16	135	87	—	—	9	2	0.2	29400	圆柱形	XOMX10T3
R217.69-2020.0-10-2A	20	20	150	100	—	—	9	2	0.4	26300	圆柱形	XOMX10T3
R217.69-2020.0-10-3A	20	20	150	100	—	—	9	3	0.4	26300	圆柱形	XOMX10T3
R217.69-2525.0-10-3A	25	25	170	114	—	—	9	3	0.6	23500	圆柱形	XOMX10T3
R217.69-2525.0-10-4A	25	25	170	114	—	—	9	4	0.7	23500	圆柱形	XOMX10T3
R217.69-3232.0-10-3A	32	32	195	135	—	—	9	3	1.1	20800	圆柱形	XOMX10T3
R217.69-3232.0-10-5A	32	32	195	135	—	—	9	5	1.1.	20800	圆柱形	XOMX10T3
R217.69-1416.0-10-2A	16	14	160	112	25.8	134	9	2	0.2	29400	圆柱形	XOMX10T3
R217.69-1618.0-10-2A	18	16	160	112	25.8	134	9	2	0.3	27800	圆柱形	XOMX10T3
R217.69-1820.0-10-2A	20	18	200	150	29.3	170	9	2	0.4	26300	圆柱形	XOMX10T3
R217.69-2225.0-10-3A	25	22	200	150	28.4	170	9	3	0.6	23500	圆柱形	XOMX10T3

② 选择刀片材质及型号（XOMX100408TR-ME07 F40M），见表 1.2-8。

表 1.2-8 选择刀片材质及型号

SMG	f_z/（mm/z） a_p/DC = 100%	Max a_p 铣槽/mm	首选	难加工
1	0.09~0.16	7	XOMX10T308TR-ME07 F40M	XOMX10T308TR-ME07 T350M
2	0.09~0.16	7	XOMX10T308TR-ME07 F40M	XOMX10T308TR-ME07 T350M
3	0.09~0.16	7	XOMX10T308TR-ME07 MP2500	XOMX10T308TR-M09 T350M
4	0.09~0.16	6	XOMX10T308TR-ME07 MP2500	XOMX10T308TR-M09 T350M
5	0.07~0.14	5	XOMX10T308TR-M09 MP2500	XOMX10T308TR-M09 T350M
6	0.07~0.14	4	XOMX10T308TR-M09 MP2500	XOMX10T308TR-M09 T350M
7	0.06~0.11	3	XOMX10T308TR-M09 MP1500	XOMX10T308TR-M09 MP3000
8	0.09~0.16	6	XOMX10T308TR-ME07 F40M	XOMX10T308TR-ME07 T350M
9	0.07~0.14	6	XOMX10T308TR-ME07 F40M	XOMX10T308TR-ME07 T350M
10	0.07~0.14	—	—	—
11	0.06~0.12	—	—	—
12	0.09~0.16	7	XOMX10T308TR-M09 MK1500	XOMX10T308TR-M09 MK2000
13	0.07~0.14	7	XOMX10T308TR-M09 MK1500	XOMX10T308TR-M09 MK2000
14	0.07~0.14	7	XOMX10T308TR-M09 MK1500	XOMX10T308TR-M09 MK2000
15	0.07~0.14	6	XOMX10T308TR-M09 MP1500	XOMX10T308TR-M09 MK2000
16	0.09~0.16	7	XOMX100408TR-ME07 F40M	XOMX100408TR-ME07 F40M
17	0.09~0.16	7	XOMX100408TR-ME07 F40M	XOMX100408TR-ME07 F40M
18	0.09~0.16	7	XOMX100408TR-ME07 F40M	XOMX100408TR-ME07 F40M
19	0.05~0.10	—	—	—
20	0.05~0.10	—	—	—
21	0.05~0.09	—	—	—
22	0.07~0.12	—	—	—

③ 确定刀具切削参数（$a_e = DC$，$a_p = 2$，$v_c = 920\text{m/min}$，$f_z = 0.10\text{mm/z}$），见表 1.2-9。

表 1.2-9 确定刀具切削参数

SMG	材质等级																	
	MP1500			MP2500			MP3000			T350M			MM4500			F40M		
	$f_z/(\text{mm/z})$																	
	0.05	0.10	0.16	0.06	0.10	0.16	0.05	0.10	0.16	0.05	0.10	0.16	0.05	0.10	0.16	0.05	0.10	0.16
	$v_c/(\text{m/min})$																	
1	620	530	465	550	470	410	520	445	390	480	410	360	340	290	255	415	355	310
2	525	450	395	465	395	350	440	375	330	405	345	305	285	245	215	355	300	265
3	435	370	325	385	330	290	365	310	270	335	285	250	235	200	175	290	250	220
4	370	315	275	330	280	245	310	265	235	285	245	215	200	170	150	250	210	185
5	310	265	230	275	235	205	260	220	195	240	205	180	170	145	125	210	175	155
6	270	230	206	240	205	180	230	195	170	210	180	155	—	—	—	180	155	135
7	75	65	—	60	50	—	60	50	—	55	49	—	—	—	—	50	42	—
8	425	360	320	335	285	250	330	280	245	315	265	235	245	210	185	285	245	215
9	335	285	250	265	225	200	260	220	195	245	210	185	195	166	145	225	190	165
10	275	235	205	215	185	160	215	180	160	200	170	150	160	135	120	185	155	135
11	200	175	—	160	135	—	160	135	—	150	125	—	115	100	—	135	115	—
12	325	275	240	285	245	215	270	230	205	250	215	185	155	130	115	215	185	160
13	285	240	215	250	215	190	240	205	180	220	185	165	135	115	100	190	165	145
14	240	205	180	210	180	160	200	170	150	185	155	140	115	100	85	160	135	120
15	200	170	150	175	150	130	165	140	125	155	130	115	95	80	70	135	115	100
16	—	—	—	—	—	—	—	—	—	—	—	—	—	—	—	1080	920	805
17	—	—	—	—	—	—	—	—	—	—	—	—	—	—	—	870	745	650
18	—	—	—	—	—	—	—	—	—	—	—	—	—	—	—	665	565	495
19	—	—	—	75	65	—	70	60	—	65	55	—	42	36	—	60	50	—
20	—	—	—	60	50	—	55	48	—	55	45	—	34	29	—	48	41	—
21	—	—	—	50	44	—	48	41	—	46	39	—	29	25	—	42	35	—
22	—	—	—	125	105	—	115	100	—	110	95	—	70	60	—	100	85	—

4）零件加工工序卡见表 1.2-10。

表 1.2-10 零件加工工序卡

序号	加工内容	刀号	刀具规格/mm	刀具型号
1	粗铣外六方	T01	φ20 三刃立铣刀	R217.69-2020.0-10-3A
2	精铣外圆柱面	T02	φ12 四刃立铣刀	553120R100Z3.0-SIRON-AW
3	粗铣内圆柱面	T03	φ10 三刃立铣刀	553100R100Z3.0-SIRON-A
4	精铣外圆柱面	T04	φ10 四刃立铣刀	553100R100Z3.0-SIRON-AW
5	开放槽粗加工	T05	φ6 三刃立铣刀	553060R020Z3.0-SIRON-A
6	开放槽精加工	T06	φ6 四刃立铣刀	553060R020Z3.0-SIRON-AW

（2）切削参数确定 工件坐标系的设置，毛坯厚度高于零件厚度，工件坐标系原点设

置在毛坯上表面，注意二次装夹后对坐标系的调整。

1）反面凸台铣削。反面凸台加工需要注意开粗工序与精加工工序刀路的衔接，使用刀具要根据切削阶段的特点分别选择三刃刀具与四刃刀具，因为三刃刀具的容屑能力更强，而四刃刀具切削稳定性更好，同时还需要避免加工产生接刀纹。如图 1.2-57 所示，精加工可以满刀长切削，充分利用刀具侧刃，避免产生过多刀纹。粗加工切削参数中，主轴转速为 8000r/min，进给速度为 3000mm/min，精加工切削参数提高主轴转速至 9000r/min，进给速度为 1500mm/min。

2）内圆柱面开粗加工。内圆柱面加工时，开粗加工时刀具切削负荷较大，应该采用螺旋下刀的方式向深度方向铣削，螺旋方式的加工要求加工刀具同时具备侧刃与底刃加工能力。为兼顾一定的排屑能力，可以选用三刃立铣刀完成加工，如图 1.2-58 所示。切削参数中主轴转速为 8000r/min，进给速度为 3000mm/min，下刀角度控制不超过 3°。精加工可以利用四刃立铣刀完成，充分发挥四刃立铣刀的稳定性。

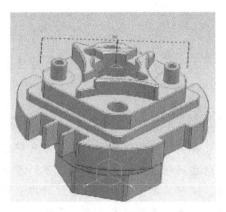

图 1.2-57　反面凸台加工

3）反面半开放槽加工。半开放槽加工安排在圆孔加工工序之后，刀路采用单线铣削方式，同样应该有一定的下刀角度，避免因为垂直下刀产生过大的切削负荷，如图 1.2-59 所示。粗加工时每刀向下切削 2mm，切削参数中，主轴转速为 8000r/min，进给速度为 3000mm/min。精加工时增加主轴转速至 9000r/min，进给速度降低至 1500mm/min。

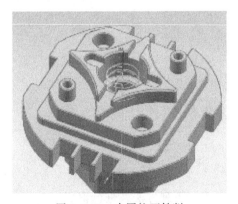

图 1.2-58　内圆柱面铣削

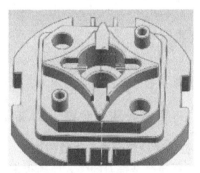

图 1.2-59　半圆槽加工

项目三

常见刀具问题及其对策

任务1 刀具磨损及其处理

【任务描述】》》

在实际切削过程中，刀具不可避免地会产生磨损或者其他问题，如果不能及时发现并解决这些问题，则将影响加工零件的质量。通过学习本任务，学生应能掌握常见的刀具磨损问题，理解其发生的原因。通过对刀具的观察尽早发现问题，并且针对性地提出对策来解决问题，从而加工出满足要求的合格零件。

【学习目标】》》

1. 能识别刀具磨损种类。
2. 掌握各种刀具磨损产生的原因。
3. 了解处理各种刀具磨损对策。

【能力目标】》》

掌握正确的刀具磨损识别方法，能够根据不同刀具合理评定刀具使用寿命。

1.1 整体硬质合金铣刀的磨损

1. 整体硬质合金铣刀失效的识别

整体硬质合金铣刀的失效原因很多，可以通过采用下列方法来进行识别。

1）用放大镜进行检查。

2）机床消耗功率的增加表明切削力在增大，这可能是刀具磨损增加的迹象，但实践中不易应用。

3）加工质量（尺寸、形状或表面粗糙度）的变化也可以表明切削刃发生了磨损。

4）切屑颜色的变化表明有切削热的变化，也能表明切削刃的磨损。

5）毛刺的形成表明切削刃口发生变化，可能是切削刃磨损所致（注意：不锈钢或有色金属等材料毛刺的产生可能是由材料特性所致）。

2. 后刀面磨损及其对策

整体硬质合金铣刀的后刀面磨损是一种可预测的磨损，因此它是理想的磨损状态；然而，过快的后刀面磨损也是需要考虑和解决的难题。

如图 1.3-1 所示，后刀面磨损看起来是沿着切削刃的相对均匀的磨损。有时，工件表面与切削刃接触会明显增大磨痕的尺寸。后刀面磨损会发生在所有材料中，如果切削刃没有因其他的磨损方式而失效，那么切削刃将会因后刀面磨损而失效。对于后刀面磨损来说，一般改善方法可以从以下几个方面来考虑：

1）提高切削液浓度。

2）检查切削速度和进给量是否正确。

3）检查被加工材料与整体硬质合金铣刀制作材料的匹配度。

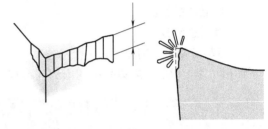

图 1.3-1　后刀面磨损

3. 月牙洼磨损及其对策

月牙洼磨损是扩散、分解和磨粒磨损的组合，一般不出现在铣削加工中。工件切屑产生的热能够分解刀具基体中的碳化钨颗粒，碳向切屑中扩散，会导致刀具前刀面磨损出月牙洼。

（1）典型月牙洼　图 1.3-2 所示是典型的月牙洼磨损状态。随着切削时间的增加，月牙洼会慢慢变大，当变得足够大时，会导致切削刃崩刃或出现后刀面磨损的速度加快。月牙洼磨损成形于刀具刀尖点处的前刀面上，主要发生在加工含硬质点的工件材料时。改善月牙洼磨损可以考虑以下几个方面：

1）提高切削液浓度。

2）检查切削速度和进给量是否合适。

3）检查被加工材料的刀具材料和型号是否选择正确。

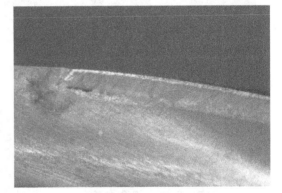

图 1.3-2　典型的月牙洼磨损状态

（2）特殊月牙洼　还有一种比较特殊的月牙洼磨损出现在刃口的局部，它是由于化学反应和来自切屑的热量及磨损造成的侵蚀，如图 1.3-3 所示。

针对这种特殊情况的改善可以考虑以下几个方面。

1）验证刀具选择的合理性。

2）使用足够的切削液。

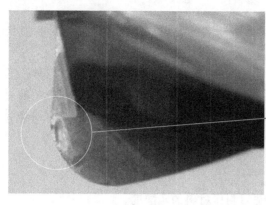
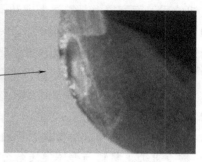

图 1.3-3　特殊的月牙洼磨损状态

3）降低切削速度。

4）降低进给量。

4. 切削刃崩刃及对策

如图 1.3-4 所示，崩刃是由切削刃的破碎造成的，它通常与切削过程的稳定性有关。

图 1.3-4　崩刃

为避免崩刃，可以考虑以下几个方面：

1）尽可能缩短铣刀的悬伸长度。

2）确保装夹的刚度。

3）确保铣刀动平衡及跳动符合要求。

4）确认切削参数正确。

5）确保刀具与被加工材料匹配。

6）确保排屑顺利。

5. 积屑瘤导致的磨损及对策

如图 1.3-5 所示，工件材料黏结到刀具的前刀面形成积屑瘤。

通常，积屑瘤磨损的呈现方式是工件材料黏结到刀具的前刀面上。为避免产生积屑瘤，可以考虑如下几个方面：

1）提高切削速度。

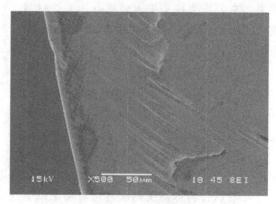

图 1.3-5　积屑瘤

2）增加切削液浓度和用量。

3）根据材料不同，选用具有合适的切削刃形状结构、螺旋槽、涂层和表面处理的刀具，这对解决积屑瘤问题非常重要，因此可以根据加工材料，设计专门的刀具。

6. 切削刃的沟槽磨损及对策

整体硬质合金铣刀的沟槽磨损通常发生在切削刃的特定区域，如图 1.3-6 所示。

沟槽磨损在大多数情况下由工件材料中的硬质点所致，有以下几个解决方向：

1）检查面铣刀的几何形状。

2）调整切削深度。

3）降低切削速度。

图 1.3-6　沟槽磨损

7. 排屑问题导致的磨损及对策

当切屑难以排出时，铣刀会沿着切削刃被破坏，如图 1.3-7 所示。

这种磨损类型与沟槽磨损很相似，有以下几个解决方向：

1）根据铣刀心部厚度适当地减小切削深度。

2）检验加工材料与刀具的匹配，大螺旋角可以帮助切屑排出。

3）减小进给量。

8. 铣刀的折断及对策

铣刀折断一般是由切削力过大、振动和切屑难以排出等一系列原因造成的，如图 1.3-8 所示。

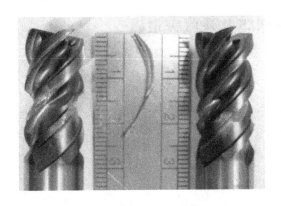

图 1.3-7　排屑导致的磨损

图 1.3-8　铣刀折断

出现铣刀折断主要可以考虑以下几个解决方向：

1）增加夹持刚度以减少颤振和振动。

2）检查刀具的运行状态。

3）使刀具悬伸长度变短。

4）确保使用合适的刀柄装夹铣刀。

5）改变铣削策略。

6）确保切屑顺利排出。

1.2 整体硬质合金铣刀的寿命评定

1. 铣刀的重磨

整体硬质合金铣刀在达到报废标准前的大多数情况下能够被重磨。在重磨之前，铣刀的磨损方式和磨损大小决定重磨的可能性。

当铣刀需要进行重磨时，建议调整铣削参数以便于进行后续的重磨；如果不想重磨或重磨次数达到极限时，则可以不用考虑刀具的磨损情况，但必须谨慎处理，因为后续操作可能会危及加工过程的安全性或已加工工件的质量。

2. 铣刀的寿命改善

评估和改善铣刀寿命需要考虑到以下特点：

1）在高速切削（高切削速度）中，刀具接触弧长很重要，切削速度和径向铣削深度是关键因素。

2）在高性能加工（大切削深度）中，切屑形成和排出过程十分关键。重要的切削条件包括每齿进给量、切削面积和轴向切削深度。

3）在大进给加工（每齿进给量很大）中，切削速度和进给量（高）是极为关键的切削条件。轴向铣削深度保持在相对低的水平，要注意工件表面的平整性会影响轴向铣削深度。

4）在高精密加工中，宏观几何的磨损至关重要，要求在刀尖圆弧处的刀具形状不能有明显的磨损。

综上所述，应正确选择适合于切削工艺的刀具并采用合理的切削参数，控制刀具使用寿命在合理磨损范围内，并采用重磨的方法，有效提升刀具使用寿命，降低生产成本。

任务2 铣削加工质量问题及其改善措施

【任务描述】 ≫≫

实际加工过程中，不仅刀具的磨损会影响质量，零件结构、加工设备、工装夹具和切削方式等都会影响零件质量。通过学习本任务，学生应了解常见质量问题及产生的原因，能够有针对性地进行改善，通过观察零件和加工过程，发现问题并提出解决方案，从而得到满足质量要求的零件。

【学习目标】 ≫≫

1. 能识别常见的零件质量问题。
2. 掌握常见零件质量问题产生的原因。
3. 了解处理常见零件质量问题的对策。

【能力目标】 ≫≫

在金属切削过程中，由于被加工材料的力学性能不同，加工条件和零件质量要求不同，需要使用不同的工艺方法并选择不同的刀具。在实际加工过程中存在的条件限制（如加工设备老旧、工件材料力学性能不稳定等因素），经常会导致一些潜在的质量风险，如何通过观察加工过程中的一些异常现象，选择合理的方法解决这些潜在的质量风险，是机械加工从业人员必须掌握的一项重要技能。

2.1 铣削过程中的质量问题

铣削加工过程中多由于细微的因素影响质量，这些细微的因素较难发现，但其通常会伴随着一些其他现象，因此可以通过识别这些现象去分析影响质量的因素，从而得出改善方案。常见的现象有以下几种：

1）振动。

2）产生毛刺。

3）表面粗糙度值较高。

1. 振动改善

通常情况下，主要由切削力产生的综合力会使刀具形成一定程度的弯曲，而弯曲的程度取决于综合力的大小、方向、刀杆的横截面积和它的悬伸长度，如图 1.3-9 所示。

（1）刀具的悬伸长度影响　一般情况下，铣削类刀具是圆柱形的，其截面为圆形。圆的面积计算公式如下：

$$S = \pi D$$

圆周率为常量，影响圆形面积的是直径 D，按照经验得出以下经验值：

1）悬伸长度(L)/刀具直径(D) < 3 时，一般不容易产生振动。

2）3 < 悬伸长度(L)/刀具直径(D) < 6 时，有产生振动的风险。

3）6 < 悬伸长度(L)/刀具直径(D) < 9 时，会产生振动。

悬伸长度(L)/刀具直径(D) > 9 时，会产生振动，常规刀具无法改善；对于整体硬质合金铣刀，在不产生干涉的前提下，在装刀时就尽可能减小刀具伸出夹持部位的长度，但需要夹持在柄部。常见整体硬质合金铣刀有效夹持位置如图 1.3-10 所示。图 1.3-10 所示的 DC 指刀具切削直径，DMM 指刀具刀柄夹持直径，有效夹持位置在标注位置以上。

图 1.3-9　刀具悬伸长度

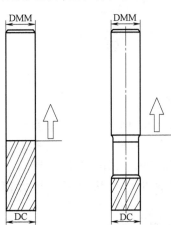

图 1.3-10　常见整体硬质合金铣刀有效夹持位置

对于装刀片式的刀具，通常情况下生产商在生产标准刀具时会尽可能多地考虑将该刀具的应用范围增大，刀具生产商会把刀柄部分做得长一点。建议实际使用过程中，结合实际情况将刀具截短至合理长度，从而减小悬伸长度，提高刀具刚度。注意：合理长度是从刀具前端（安装刀片的那端）开始的，刀杆可截短区域如图1.3-11所示。

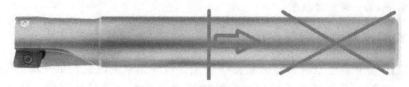

图1.3-11 刀杆可截短区域

（2）切削力方向影响 如图1.3-12所示，快进给铣削时，可以实现非常高的每齿进给量，提高加工效率，但铣刀会改变综合力的方向。因此，应增加刀具的刚度，在刀头处产生挠度，以上情况可以通过力学公式计算分析得知，建议减小切削深度。

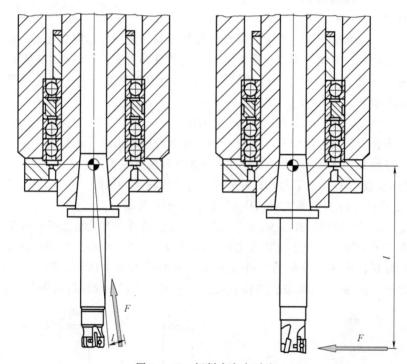

图1.3-12 切削力方向对比

2. 毛刺控制

在铣削黏性较大的材料时，容易在一些特定位置产生毛刺。刀具的路径安排和刀具角度会影响毛刺的产生，如图1.3-13所示。

防止毛刺的产生可以从以下几个方面考虑：

1）使用更锋利的刃口结构。

2）合理调整切削参数，适当增加进给速度。

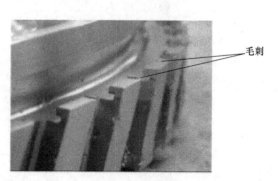

图1.3-13 毛刺

3）改变切削刀具角度。

4）采用先进加工策略。

目前，实际生产中解决毛刺的方法有手工去毛刺和电化学去毛刺等。在机械切削加工中可以通过提高刀具刃口的锋利程度来防止毛刺产生，也可以通过设计合理的刀具路径将毛刺去掉。图 1.3-14 和图 1.3-15 所示分别为传统刀具路径和改进刀具路径的调整策略。

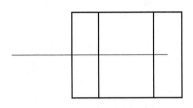

图 1.3-14　传统刀具路径

图 1.3-15　改进刀具路径

3. 表面质量改善

表面粗糙度是评定表面质量的主要依据，也是在微观情况下评定零件质量的标准之一。

如图 1.3-16 所示，铣削过程中，当刀尖以一定的速度经过表面，去除余量的同时，也会在工件表面留下一定程度的痕迹，可以通过以下几个方面改善：

1）减小进给速度。

2）尽可能使用更大刀尖圆弧半径的刀具。

3）检查刀具的跳动，刀尖处的跳动量一般不得大于 0.01mm。

4）使用修光刃刀具。

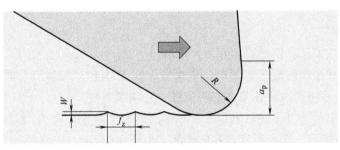

图 1.3-16　表面残留

2.2　铣刀的维护

正确使用和维护刀具不仅可以提高刀具使用寿命，还可以改善零件加工质量，因此刀具的维护也很重要。

1. 刀片安装

一个常规的铣刀盘，由于刀具制造精度差异，刀片安装到刀体上后，每个刀片的最高点不在同一平面上，加工出来的表面区域存在高低不平的现象，个别高度突出的切削刃也会造成过早磨损。若想得到较好的表面质量，应尽可能将每个刀片的最高点调整到最接近的状态，如图 1.3-17 所示。

（1）安装工具

1）刀盘（R220.53-0100-12-6C），一个，如图 1.3-18 所示。

2）刀片（SEMX1204AFTN-M15 MP2500），10片。

3）平台一个。

4）千分表及表座一套。

5）扳手。

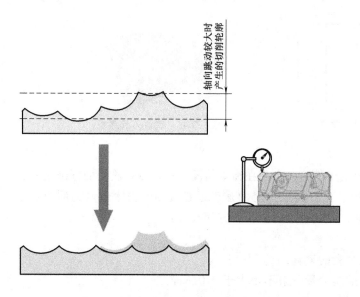

图 1.3-17　刀片不在同一平面上的影响　　　　图 1.3-18　带调整机构的刀盘

（2）调整步骤

1）调整前清洗刀具，保持刀体和刀片清洁。

2）把切削刀片按相同数字切削刃口依次安装在刀体上（安装刀片时，用拇指推刀片、食指压刀片，使刀片牢固地贴在刀片安装位置）并锁紧螺钉。

3）找出刀盘中某一刀片（通常取高度在中间的那个刀片）作为调刀的基点，逐个调整其他刀片座的调整螺钉，保证所有刀片的高度差小于 0.01mm。

4）锁紧调整机构，并复查一下跳动。刀片安装调整如图 1.3-19 所示。

2. 刀具维护

刀具维护要注意以下三个方面：

1）刀具应该在其所对应的设计和研制的场合应用。车刀和铣刀的应用场合就很明显；然而对于一些材料和形状特殊的加工零件，刀具的选择则相对困难。

2）刀具必须按要求小心维护。磨损的刀具需要替换掉，刀具需要定期保养。

3）刀具不使用时应该储存在干燥、干净的环境中。

像其他产品一样，刀具也需要存放于特定的环境下，图 1.3-20 所示即为错误的刀具存放方式。

由于刀具是高精密零件，需要小心保存，其中有一些基本的因素要考虑，如刀具应储存于干燥、干净的环境中；其相关存储设备应处于良好且随时能被使用的状态；保证刀具质量以适应生产需求的变化等。正确的刀具存放方式如图 1.3-21 所示。

图 1.3-19　刀片安装调整

图 1.3-20　错误的刀具存放方式

图 1.3-21　正确的刀具存放方式

3. 正确使用刀具

刀具的加工条件是优化其性能的一个重要因素。一把良好的刀具若应用在错误的工作条件下，则不能发挥其潜在的最大性能。这里应考虑的基本因素如下：

1）了解被加工材料。

2）了解加工设备限制。

3）了解工装夹具限制。

4）确定加工工艺方案。

5）正确选择刀具。

6）确定切削参数。

模块二

数控铣削加工检测量具的选用

本模块以完成第七届、第八届全国数控技能大赛数控铣项目学生组决赛赛件的检测工作为例，介绍学生组试题常用数控铣削零件测量的相关知识及其使用技巧。

【学习目标】

1. 掌握数控铣削加工量具的相关知识。
2. 掌握数控铣削加工量具的正确使用方法及注意事项。

【能力目标】

通过学习本模块，学生应掌握数控铣削加工常用量具的结构及使用方法的相关知识。

项目一

轮廓检测量具的选用

任务1　轮廓检测量具的结构认知和使用

【任务描述】　》》》

零件内、外轮廓铣削是零件铣削加工最主要的内容，通过学习本任务，学生应正确认识数显卡尺和数显外径千分尺的结构特点和使用方法。

【学习目标】　》》》

1. 了解数显卡尺、数显外径千分尺的结构特点。
2. 掌握数显卡尺、数显外径千分尺的正确使用方法。

【能力目标】　》》》

根据零件图样对轮廓面加工特征的要求，结合公差要求选取适宜的量具，保证零件加工质量达到图样要求。

1.1　数显卡尺的结构和使用方法

1. 数显卡尺的结构

数显卡尺是利用电子测量和数字显示原理，对两测量爪相对移动分隔的距离进行读数的一种长度测量工具。数显卡尺的结构大同小异，一般由台阶测量面、内测量爪、LCD 显示屏、锁紧螺钉、数据输出口和外测量爪等构成。

图 2.1-1 所示是测量范围为 0~150mm 的数显卡尺。

2. 数显卡尺的使用方法

数显卡尺使用得是否正确，对精密量具的精度和产品质量的影响很大，必须重视量具的使用方法，以获得正确的测量结果，从而确保产品质量。

1）根据工件尺寸选用对应测量范围的数显卡尺。

2）对所选择的数显卡尺进行零位校准。数显卡尺零位校准的方法为：校准前用清洁的软布擦干净测量爪和测量面，然后完全合并测量爪置零。数显卡尺的零位校准如图 2.1-2 所示。

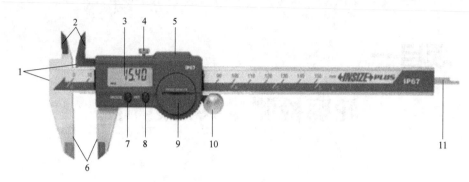

图 2.1-1 测量范围为 0~150mm 的数显卡尺

1—台阶测量面 2—内测量爪 3—LCD 显示屏 4—锁紧螺钉 5—数据输出口
6—外测量爪 7—"MODE" 键 8—"SET" 键 9—电池盖 10—滚轮 11—深度尺

3）外尺寸或者外径的测量。先拉动尺框，使两个外测量爪的测量面之间分隔的距离略大于被测尺寸，将被测工件的被测部位送入卡尺两测量面之间，或将两个测量爪轻卡在被测部位上，再慢慢推动滚轮，使两测量面与被测表面接触，当两测量面与被测表面接触紧密后即可读数。外径测量如图 2.1-3 所示。

图 2.1-2 数显卡尺的零位校准

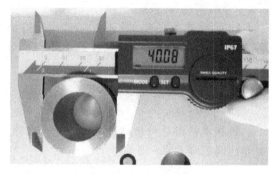

图 2.1-3 外径测量

1.2　数显外径千分尺的结构和使用方法

1. 数显外径千分尺的结构

数显外径千分尺是一种高精度的外轮廓检测量具，一般尺寸精度在 IT7~IT8。千分尺的结构大同小异，一般由固定测砧、硬质合金测量面、测微螺杆、锁紧扳手、固定套管、微分筒、棘轮测力装置、隔热护板和 LCD 显示屏等构成。

图 2.1-4 所示是测量范围为 0~25mm 的数显外径千分尺。使用时，手拿在隔热护板上，防止手部的温度影响数显外径千分尺的测量精度。

2. 数显外径千分尺的使用方法

千分尺是一种精密量具，正确使用对测量的精度很重要，只有正确使用量具才能获得正确的测量结果，从而确保加工出的尺寸满足图样要求。

1）数显外径千分尺在使用前应进行校准。校准时用量具自带的标准长度的校准棒进

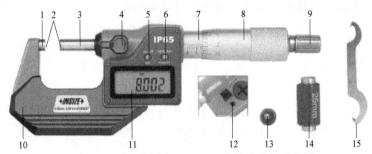

图 2.1-4　测量范围为 0~25mm 的数显外径千分尺

1—固定测砧　2—硬质合金测量面　3—测微螺杆　4—锁紧扳手　5—"on/off set"键　6—"ABS/INC mm/in"键
7—固定套管　8—微分筒　9—触感棘轮　10—隔热护板　11—LCD 显示屏　12—数据输出口
13—球测头　14—标准杆（3101-25AC 无标准杆）　15—扳手

行，例如，50~75mm 的数显外径千分尺配有一根标准长度为 50mm 校准棒，用其可以进行校准工作，如图 2.1-5 所示。

2）对被检测的要素进行测量。例如，需要检测基本尺寸为 70mm，先将测量范围为 50~75mm 的数显外径千分尺调整至 73.5~75mm，将量具的固定测砧与被测要素接触（注意，量具要与被测要素的轴线垂直），转动触感棘轮，使测杆表面保持标准的测量压力，量具的活动测砧接触被测要素，听到触感棘轮发出"嘎嘎嘎"声，表示测量压力合适，即可开始读数。测量过程中，可在旋转触感棘轮的同时，轻轻地晃动尺架，使测砧面与被测零件表面接触良好，也可以多测几次，保证读数的准确性。读数时，要轻轻晃动尺架，凭手感判断两测量面与被测表面的接触是否良好。在测量轴类工件的直径尺寸时，应用左手拿住数显外径千分尺的隔热板，右手操作微分筒和测力装置进行测量。当两测量面与被测表面接触后，要轻微晃动尺架找出最小值，只有这样才能获得较高精度的测量值，如图 2.1-6 所示。

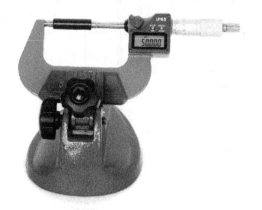

图 2.1-5　校准棒测量

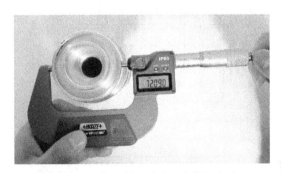

图 2.1-6　数显外径千分尺的使用方法

任务 2　典型案例分析

【任务描述】

零件内、外轮廓铣削是零件加工最主要的内容，判断轮廓特征的加工是否合格需要选用正确的量具测量得出。本任务旨在介绍相关零件特征的测量案例，为相关特征的测量工作提供指导。

【学习目标】 >>>

1. 根据零件图样内、外轮廓的标注尺寸，选用正确的量具进行测量。
2. 正确使用特征量具，完成轮廓的测量工作。

【能力目标】 >>>

通过学习案例，学生应能够根据零件图样相关特征的标注尺寸选用正确的量具，并且准确测量出轮廓特征值，为进一步尺寸修正提供依据。

1. 案例分析

以第七届全国数控大赛数控铣项目学生组赛题为例，如图2.1-7所示，该赛件上外轮廓尺寸 $80_{-0.05}^{\;0}$ mm 公差较小，根据特征尺寸公差要求所建议的量具清单，数显外径千分尺的精度可以满足准确测量外轮廓示值的要求。应根据图样尺寸选用对应规格的数显外径千分尺，避免因为规格选取不当带来额外的测量误差。本例需要检测基本尺寸为80mm的外形尺寸，则应该选用测量范围为75~100mm的数显外径千分尺。

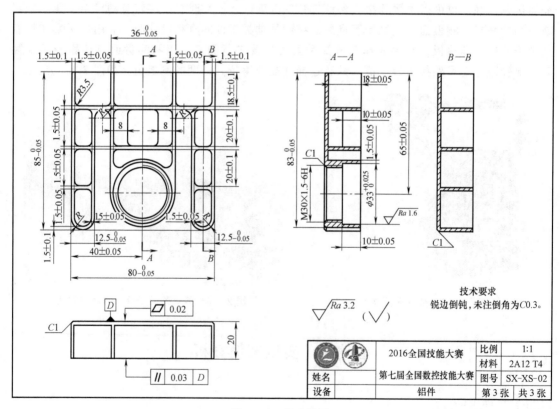

图 2.1-7　轮廓检测

2. 长度尺寸检测

1）根据图样尺寸选用对应的外径千分尺，需要检测基本尺寸为 $80_{-0.05}^{0}$mm 的外轮廓，则应该选用测量范围为 75~100mm 的数显外径千分尺。

2）对所选择的量具进行校准。校准有两种方法，一种是用量具自带的标准长度的校准棒进行校准，例如，测量范围为 75~100mm 的外径千分尺标配有一根标准长度为 75mm 校准棒，用其可以进行校准工作；另一种是选用与被测量尺寸相近的量块进行校准，需要检测基本尺寸为 $80_{-0.05}^{0}$mm 的外轮廓，则可选用标准长度 80mm 的量块进行校准。

3）对被检测的要素进行测量。检测基本尺寸为 $80_{-0.05}^{0}$mm 的外轮廓，先将测量范围为 75~100mm 的数显外径千分尺调整至 81.5~83mm，将量具的固定测砧与被测要素接触（注意，量具要与被测要素的轴线垂直），转动触感棘轮，使测砧表面保持标准的测量压力，量具的活动测砧接触被测要素，听到触感棘轮发出"嘎嘎嘎"声，表示测量压力合适，即可开始读数。测量过程中，可在旋转触感棘轮的同时，轻轻地晃动尺架，使测砧面与被测零件表面接触良好，也可以多测几次，保证读数的准确性。

3. 注意事项

1）数显外径千分尺的测量面应保持干净，这样才能保证所测量尺寸的正确性。

2）使用数显外径千分尺时，应将其放正并活动一下，但不要偏斜，同时要注意温度的影响。

3）不允许用数显外径千分尺去测量运动着的工件。

4）用数显外径千分尺测量零件时，应当手握触感棘轮的转帽来转动测微螺杆，使测砧表面保持标准的测量压力，听到触感棘轮发出"嘎嘎嘎"声，表示测量压力合适，即可开始读数。要避免因测量压力不等而产生测量误差。

5）绝对不允许用力旋转微分筒来增加测量压力，使测微螺杆过分压紧被测零件表面，致使精密螺纹因受力过大而发生变形，损坏千分尺的精度。有时用力旋转微分筒后，虽因微分筒与测微螺杆间的连接不牢固，对精密螺纹的损坏不严重，但是微分筒打滑后，数显外径千分尺的零位发生变动，就会造成质量事故。

6）注意取算术平均值。为了降低测量误差，可以对同一部位多测量几次，取几次测量结果的算术平均值作为最终的测量结果。

项目二

深度检测量具的选用

任务1　深度检测量具的结构认知和使用

【任务描述】 >>>

    全国数控技能大赛加工过程中需要在关键工艺处完成各种特征的深度测量工作，只有准确地测量出特征的深度尺寸才能确定出下步工序的刀具补偿值，所以正确的掌握深度测量量具的使用方法是完成高精度加工的前提，需要选手掌握深度量具的正确使用方法。

【学习目标】 >>>

    1. 了解数显深度尺、数显深度千分尺的结构特点。
    2. 掌握数显深度尺、数显深度千分尺的正确使用方法。

【能力目标】 >>>

    能够根据赛题加工特征及其要求，正确选用量具完成特征的深度测量工作。

1.1　数显深度尺的结构和使用方法

1. 数显深度尺的结构

如图 2.2-1 所示，即为用于检测深度的数显深度尺。数显深度尺一般由底座基准面、显

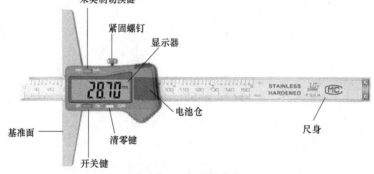

图 2.2-1　数显深度尺

示器、紧固螺钉和尺身等构成。

2. 数显深度尺的使用方法

数显深度尺用于测量工件的深度尺寸。使用数显深度尺进行测量时应注意下述几点：

1）根据赛题图样尺寸选用对应的数显深度尺。例如，需要检测基本尺寸为120mm的深度，则应该选用测量范围为0~150mm的数显深度尺，以最大程度保证测量精度。

2）对所选择的量具进行零位校准。将数显深度尺的主尺、底座测量面（即基准面）以及检验平板擦净，将底座测量面置于检验平板上并用左手压住底座，右手向下推尺身至感到主尺测量面与检验平板接触后，短按"清零键"置零，这时显示器上显示0.00。数显深度尺的零位校准如图2.2-2所示。

3）对被检测的要素进行测量。例如，需要检测基本尺寸为38mm的孔深，将数显深度尺的底座放在被测工件基面上，左手压住底座，右手轻推主尺，避免尺身测量面撞击被测部位底面而损坏测量面。当手感到主尺测量面与被测工件底面接触时，即可进行读数，也可将紧固螺钉拧紧后，把数显深度尺拿起来读数。数显深度尺的测量使用如图2.2-3所示。

图 2.2-2　数显深度尺的零位校准

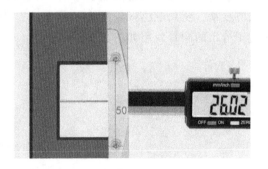

图 2.2-3　数显深度尺的测量使用

1.2　数显深度千分尺的结构和使用

1. 数显深度千分尺的结构

图2.2-4所示是用于检测深度的数显深度千分尺，与数显深度尺相比，它的测量精度更高。对于赛题中尺寸公差要求较高的尺寸，可以选择使用数显深度千分尺进行测量。数显深度千分尺一般由底座、锁紧装置、固定套筒、微分筒、触感棘轮、显示器和测量杆等构成。

2. 数显深度千分尺的使用方法

1）根据赛题图样尺寸选用对应的数显深度千分尺。例如，需要检测基本尺寸为120mm的深度，则应该选用测量范围为0~150mm的数显深度千分尺。

2）对数显深度千分尺进行零位校准。擦净数显深度千分尺测杆、底座测量面以及检验平板，将数显深度千分尺置于检验平板上，并用左手压住底座，右手转动触感棘轮至测量面与检验平板接触，听到触感棘轮发出"嘎嘎嘎"声，表示测量压力合适，即可进行校准。校准后，显示器上显示0.000。数显深度千分尺的零位校准如图2.2-5所示。

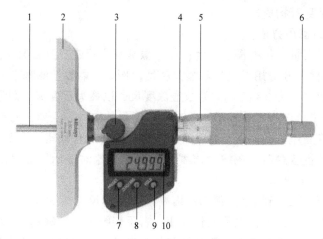

图 2.2-4 数显深度千分尺

1—测量杆 2—底座 3—锁紧装置 4—固定套筒 5—微分筒
6—测力装置 7—预设键 8—归零/ABS键 9—保持数据键 10—显示器

3）对被检测的要素进行测量。例如，需要检测基本尺寸为 15mm 的孔深，将数显深度千分尺底座放在工件测量基面上，左手压住底座，右手转动触感棘轮，使测量杆的测量面接触被测要素，听到触感棘轮发出"嘎嘎嘎"声，表示测量压力合适，然后开始读数。数显深度千分尺的测量使用如图 2.2-6 所示。

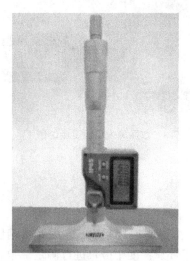

图 2.2-5 数显深度千分尺的零位校准

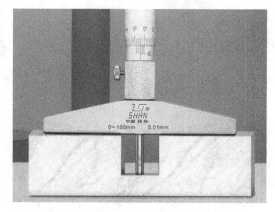

图 2.2-6 数显深度千分尺的测量使用

任务 2 典型案例分析

【任务描述】 >>>

正确地完成零件图标注尺寸的加工是工作者的首要目标，除了通过正确的加工工艺保证尺寸在公差范围内以外，还需要在精加工完成后，使用正确的量具测量出实际值与要求值的

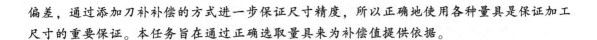

偏差，通过添加刀补补偿的方式进一步保证尺寸精度，所以正确地使用各种量具是保证加工尺寸的重要保证。本任务旨在通过正确选取量具来为补偿值提供依据。

【学习目标】 》》》

1. 根据零件图样标注尺寸，选用正确量具进行测量。
2. 正确使用深度测量工具，完成特征深度值的测量。

【能力目标】 》》》

通过学习案例，学生应能够根据零件图样相关特征的标注尺寸选用正确的量具，并且准确地测量出特征的示值，为进一步尺寸修正提供依据。

1. 案例分析

以第八届全国数控技能大赛数控铣项目学生组赛题为例，如图 2.2-7 所示，该赛件下侧槽特征的深度尺寸 $15_{0}^{+0.05}$ mm 公差较小，只进行一次精加工的保证难度较大，需要在精加工完成后使用深度测量工具测量其深度值。根据特征尺寸公差要求所建议的量具清单，采用数显深度千分尺测量可以满足尺寸公差的要求，为准确地完成加工提供基础。

粗加工时，深度方向应适当留出 0.05～0.10mm 余量。精加工后用数显深度千分尺测出该段深度的实际尺寸，并与理论尺寸的中间值进行比较，根据计算出的数值调整深度方向的磨损值，然后精加工并复量尺寸。若所量的实际尺寸与合格尺寸间仍存在 0.01～0.02mm 的偏差，则可不调整深度方向的磨损值，重新精加工一次至尺寸合格。

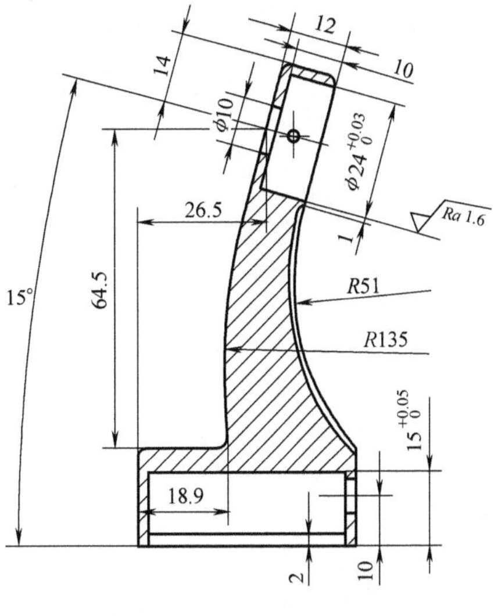

2. 深度尺寸检测

1）根据图样，需要检测基本尺寸为 $15_{0}^{+0.05}$ mm 的深度，则应该选用测量范围为 0～50mm 的数显深度千分尺。

2）对所选择的量具进行零位校准。将数显深度千分尺测量杆及底座测量面以及检验平板擦净，将数显深度千分尺置于检验平板上面并用左手压住底座，右手转动触感棘轮至测量面与检验平板接触，听到触感棘轮发出"嘎嘎嘎"声，表示测量压力合适，即可进行校准。校准后，显示器上显示 0.000。

图 2.2-7　深度检测

3）对被检测的要素进行测量。需要检测基本尺寸为 $15_{0}^{+0.05}$ mm 的孔深，将数显深度千分尺底座放在工件测量基面上，左手压住底座，右手转动触感棘轮，使测量杆的测量面接触被测要素，听到触感棘轮发出"嘎嘎嘎"声，表示测量压力合适，即可开始读数。

3. 注意事项

1）全行程旋转微分筒，确认是否被卡住或动作不流畅。

2）擦去底座测量面、测量杆测量面的污渍、碎屑和灰尘。

3）更换测量杆测量时，擦去测量杆垫圈与测量杆端面接触部分的污渍、碎屑和灰尘。

4）用深度千分尺测量零件时，应当手握触感棘轮的转帽来转动测微螺杆，使测量杆的测量面保持标准的测量压力，听到触感棘轮发出"嘎嘎嘎"声，表示测量压力合适，并可开始读数。要避免因测量压力不等而产生测量误差。

5）请务必在测量范围内使用。

6）显示错误或异常时，请取下电池然后重新安装。

7）长时间使用时，因温度变化，零位可能会发生变化，请定期确认零位是否正确。

项目三

孔径检测量具的选用

任务1　孔径检测量具的结构认知和使用

【任务描述】 >>>

　　孔特征加工是学生在参加全国数控技能大赛时的重要加工内容，孔的加工由于加工环境较差等原因，通常无法单次将特征尺寸加工到位，因此常常需要学生通过准确测量加工过程中孔的尺寸，来确定下步工序加工时刀具的补偿值。这就需要学生具备使用各种孔径测量量具的能力，这也是本任务的内容。

【学习目标】 >>>

　　1. 了解内径千分尺、内测千分尺、三爪内径千分尺的结构特点。
　　2. 掌握内径千分尺、内测千分尺、三爪内径千分尺的正确使用方法。

【能力目标】 >>>

通过学习本任务，学生应能够根据孔特征及要求，正确选用量具完成特征的孔径测量工作。

1.1　内径千分尺的结构和使用方法

1. 内径千分尺的结构

　　内径千分尺的结构如图 2.3-1a 所示。内径千分尺主要用于测量大孔径，为适应不同孔径尺寸的测量，可以接上接长杆，如图 2.3-1b 所示。连接时，只要将保护帽旋去，将接长杆的右端（具有内螺纹）旋在百分尺的左端即可。接长杆可以一个接一个地连接起来，测量范围最大可达到 5000mm。目前，国产内径千分尺范围有 50~250mm，50~600mm 和 100~1225mm 等。

2. 内径千分尺的使用方法

　　测量时，首先将内径千分尺调整到所测量尺寸附近，放入孔内试测其接触的松紧程度是否合适，如图 2.3-2 所示。一端不动，另一端做左、右、前、后微动，测量孔径的最大尺寸（即最大读数），要防止出现如图 2.3-3 所示内径千分尺的错误位置。前、后微动应在测量孔径的最小尺寸（即最小读数）处。按照这两个要求与孔壁轻轻接触，才能读出正确数值。

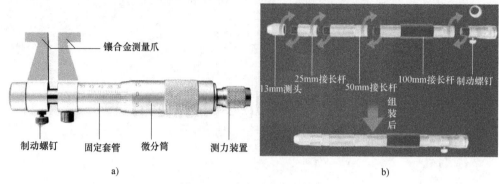

图 2.3-1　内径千分尺的结构

a)

b)

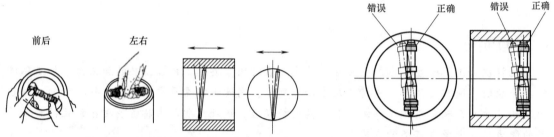

图 2.3-2　内径千分尺的使用

图 2.3-3　内径千分尺的错误位置

内径千分尺的读数误差比较大，例如，测量范围为 0~600mm 的内径千分尺，示值误差就有 ±(0.01~0.02)mm。因此，在测量精度较高的内径时，应把内径千分尺调整到测量尺寸后，放在相等尺寸的量块上进行校准，或把测量内尺寸时的松紧程度与测量量块组尺寸时的松紧程度进行比较，以克服其示值误差较大的缺点。

内径千分尺除可用来测量内径外，也可用来测量槽宽和两个内端面之间的距离等内尺寸。

1.2　内测千分尺和三爪内径千分尺

1. 内测千分尺

内测千分尺可用于测量赛件中小尺寸内径和内侧面槽的宽度。其特点是容易找正内孔直径，测量方便。内测千分尺的读数值为 0.01mm，测量范围有 5~30mm 和 25~50mm 两种，图 2.3-4 所示为测量范围为 5~30mm 的内测千分尺。

图 2.3-4　测量范围为 5~30mm 的内测千分尺

2. 三爪内径千分尺

三爪内径千分尺，适用于测量中小直径的精密内孔，尤其适用于全国数控技能大赛中公差等级要求在 IT6～IT8 的孔的测量。测量范围有：6～8mm，8～10mm，10～12mm，14～17mm，17～20mm，20～25mm，25～30mm，30～35mm，35～40mm，40～50mm，50～60mm，60～70mm，70～80mm，80～90mm 和 90～100mm 等。参赛选手在校准三爪内径千分尺的零位时，必须在标准孔内进行。

图 2.3-5 所示为测量范围为 20～25mm 的三爪内径千分尺，当沿顺时针方向旋转触感棘轮时，就会带动测微螺杆旋转，并使它沿着螺纹轴套的螺旋线方向移动，于是测微螺杆端部的方形圆锥螺纹就推动三个测量爪做径向移动。扭簧的弹力使测量爪紧紧地贴合在方形圆锥螺纹上，并随着测微螺杆的进退而伸缩。

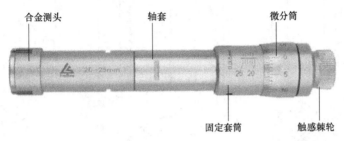

合金测头　　　　　轴套　　　　　　微分筒

固定套筒　　　　触感棘轮

图 2.3-5　测量范围为 20～25mm 的三爪内径千分尺

三爪内径千分尺的方形圆锥螺纹的径向螺距为 0.25mm。即当触感棘轮沿顺时针方向旋转一周时，测量爪向外移动（半径方向）0.25mm，三个测量爪组成的圆周直径增加 0.5mm。即微分筒旋转一周，测量直径增大 0.5mm，而微分筒的圆周上刻着 100 个等分格，所以它的读数值为 0.005mm。

任务 2　典型案例分析

【任务描述】>>>

正确地完成零件图标注尺寸的加工是工作者的首要目标，除了通过正确的加工工艺保证尺寸在公差范围内以外，还需要在精加工完成后，使用正确地量具测量出实际值与要求值的偏差，所以正确地使用各种量具是保证加工尺寸的重要保证，本任务旨在通过正确选取量具来为补偿值提供依据。

【学习目标】>>>

1. 根据零件图样标注尺寸，选用正确量具进行测量。
2. 正确使用孔径测量工具，完成特征值的测量。

【能力目标】>>>

通过学习案例，学生应能够根据零件图样相关特征的标注尺寸选用正确的量具，并且准确地测量出特征的示值，为进一步尺寸修正提供依据。

1. 案例分析

以第七届全国数控技能大赛加工中心操作工（五轴）项目学生组赛题为例，如图2.3-6所示，该赛件上侧 $\phi20^{+0.03}_{0}$ mm 孔尺寸公差较小，根据特征尺寸公差要求所建议量具清单，采用三爪内径千分尺测量较为可靠。

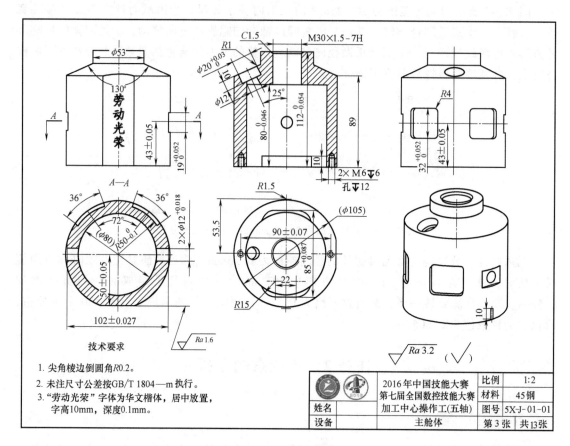

图 2.3-6　孔径检测

粗加工时，孔径方向应留出 0.05～0.10mm 余量，用于保证下步工序的加工质量，粗加工后三爪内径千分尺测出该孔的孔径实际尺寸，并与理论尺寸的中间值进行比较，根据计算出的数值调整孔径方向的补偿值，然后精加工并复量尺寸。若所量的实际尺寸与合格尺寸间仍存在 0.01～0.02mm 的偏差，则可不调整径向方向的磨损值，重新精加工一次至尺寸合格。

2. 孔径尺寸检测

1）根据图样尺寸选用对应的三爪内径千分尺，例如需要检测基本尺寸为 $\phi20^{+0.03}_{0}$ mm 的内径，则应该选用测量范围为 20～25mm 的三爪内径千分尺。

2）对所选择的量具进行校准。用量具自带的校准环规进行校准，例如 20～25mm 的三爪内径千分尺可以选择 $\phi20$mm 的校准环规，校准的方法是：将校准环规的内孔和三爪内径千分尺的三个测量爪擦净，然后将三爪内径千分尺的测量范围调至比所用校准环规的孔径的尺寸略小，将三爪内径千分尺垂直（指三爪内径千分尺的连接杆与校准环规端面垂直）地伸入校准环规孔内。操作时，左手扶住三爪内径千分尺的连接杆，右手旋转测力装置（棘轮），并前后左右轻轻摆动三爪内径千分尺，使三个测量爪的测量面与校准环规孔壁紧密接触，当触感棘轮发出"嘎嘎嘎"声后，即可读数。这时三爪内径千分尺的示值的数值与校准环规的实际尺寸相符，说明被校准的三爪内径千分尺的零位正确，可以使用。如果示值不正确，则需要将三爪内径千分尺读数设置成与校准环规的实际尺寸一致。

3）对被检测的要素进行测量。需要检测基本尺寸为 $\phi24^{+0.03}_{0}$ mm 的内径，先将 20～25mm 的三爪内径千分尺调整至 25mm 以下，将三爪内径千分尺轻轻地放入被测内孔中（注意量具的轴线要与被测要素的轴线重合），转动触感棘轮，使测杆接触被测要素，听到触感棘轮发出"嘎嘎嘎"声，表示测量压力合适，即可开始读数。测量时，可在旋转触感棘轮的同时，轻轻地晃动尺架，使测量面与零件表面接触良好，也可以多测几次，以保证读数的准确性。

3. 注意事项

1）使用三爪内径千分尺时，要避免检测到刀尖圆弧所在的位置，这样会导致检测值错误，从而产生测量误差。

2）在加工检测内径尺寸时需要注意的是，三爪内径千分尺应处于水平位置，确保其中心线与所测量内径的中心线重合。

3）不允许用三爪内径千分尺去测量运动着的工件。

4）用三爪内径千分尺测量工件时，应当手握触感棘轮的转帽来转动测微螺杆，使测杆表面保持标准的测量压力，当听到"嘎嘎嘎"声，则表示测量压力合适，并可开始读数。要避免因测量压力不等而产生测量误差。

5）注意取算术平均值。为了减少测量误差，可以对同一部位多测量几次，取几次测量结果的算术平均值作为最终的测量结果。

项目四

螺纹检测量具的选用

任务1 螺纹检测量具的结构认知和使用

【任务描述】 >>>

　　在进行全国数控技能大赛时，通常会要求选手加工内、外螺纹用于紧固及连接各赛件，加工时，螺纹可以使用丝锥及螺纹铣刀完成。但由于各种螺纹属于标准尺寸，因此其检测手段有别于其他特征，是使用与螺纹结构相配合的量具完成检测。本任务旨在介绍螺纹的类型、合格判断标准以及各种检测螺纹合格性的量具，为选手对螺纹特征的检测提供指导。

【学习目标】 >>>

　　1. 了解螺纹的各种类型及合格性的判断标准。
　　2. 掌握螺纹千分尺、工具显微镜和螺纹规的使用方法。

【能力目标】 >>>

　　通过学习本任务，选手应能够正确使用各种量具完成螺纹的测量工作。

1.1　螺纹合格性的判断

　　全国数控技能大赛是对参赛选手综合能力的检验，选手除了需要具备正确使用各种量具的能力外，还需要掌握相关特征的理论知识，才能成为合格的技能人员。螺纹的作用中径是用来判断螺纹可旋合性的重要依据。一般把对作用中径的检验作为螺纹中径合格性的判断原则。

1.2　数显螺纹千分尺的结构和使用方法

　　数显螺纹千分尺的构造与数显外径千分尺相似，差别仅在于两个测头的形状。数显螺纹千分尺的测头做成和螺纹牙型相吻合的形状，其中一个为 V 形测头，与螺纹牙型凸起部分相吻合；另一个为圆锥形测头，与螺纹牙型沟槽相吻合，图 2.4-1 所示为数显螺纹千分尺。

　　数显螺纹千分尺有一套可换测头，每对测头只能用来测量一定螺距范围的螺纹。数显螺纹千分尺的测量范围分两个方面，一是千分尺的测量范围：0～25mm、25～50mm、50～75mm、75～100mm、100～125mm、125～150mm、150～175mm、175～200mm；二是每对测头所能测量螺距的范围。数显螺纹千分尺及其测头如图 2.4-2 所示。

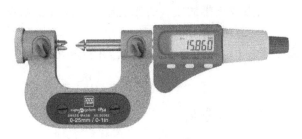

图 2.4-1　数显螺纹千分尺　　　　　　　　图 2.4-2　数显螺纹千分尺及其测头

用数显螺纹千分尺测得的数值是螺纹中径的实际尺寸，不包括螺距误差和牙型半角误差在中径上的当量值。数显螺纹千分尺的测头是根据牙型角和螺距的标准尺寸制造的，当被测的外螺纹存在螺距和牙型半角误差时，测头与被测量的外螺纹不能很好地吻合，所以测出的螺纹中径的实际尺寸误差比较大，一般误差在 0.05~0.2mm，因此数显螺纹千分尺只能用于工序间测量。

1.3　螺纹规的结构和使用方法

1. 螺纹规的结构

螺纹检测的量具主要有螺纹规，选手在比赛时可以使用其十分快速地完成加工螺纹的检测工作。螺纹规根据所检验的内、外螺纹分为螺纹塞规和螺纹环规，用于内螺纹检测的螺纹塞规如图 2.4-3 所示，用于外螺纹检测的螺纹环规如图 2.4-4 所示。

图 2.4-3　用于内螺纹检测的螺纹塞规　　　　图 2.4-4　用于外螺纹检测的螺纹环规

2. 螺纹规的使用方法

1）选择螺纹规时，应选择与被测螺纹相匹配的规格。

2）使用前，先清理干净螺纹规和被测螺纹表面的油污、杂质等。

3）使用时，使螺纹规的通端（止端）与被测螺纹对正后，用大拇指与食指转动螺纹规或被测工件，使其在自由状态下旋转。通常情况下（无被测工件的螺纹图示说明时），螺纹规（通端）的通规可以在被测螺纹的任意位置转动，通过全部螺纹长度则判定为合格品，否则为不合格品；在螺纹规（止端）的止规与被测螺纹对正后，旋入螺纹长度在两个螺距之内止住判定为合格品，不可强行用力通过，否则为不合格品。

4）检验工件时，不能用力旋转螺纹规，应用三只手指自然顺畅地旋转，止住即可。螺纹规退出工件最后一圈时也要自然退出，不能用力拔出螺纹规，否则会影响产品检验结果，损坏螺纹规。

5）使用完毕后，及时清理干净螺纹规通端（止端）的表面附着物，并存放在工具柜的量具盒内。

任务 2　典型案例分析

【任务描述】 ⟫⟫⟫

加工需要与其他零件配合的工件时，螺纹是必不可少的加工特征，螺纹可以使用丝锥及螺纹铣刀完成。但螺纹的检测手段有别于其他特征，是使用与螺纹结构相配合的量具完成检测。本任务旨在具体介绍螺纹特征检测的方式，为选手对螺纹特征的检测提供指导。

【学习目标】 ⟫⟫⟫

1. 根据零件图样中的螺纹标注尺寸，选用正确量具进行测量。
2. 正确使用螺纹塞规，完成螺纹的测量工作。

【能力目标】 ⟫⟫⟫

通过学习案例，学生应能够根据零件图样中螺纹的标注选用正确的量具，并且正确使用量具准确地判断螺纹尺寸是否加工到位。

1. 案例分析

以第七届全国数控技能大赛加工中心操作工（五轴）项目学生组赛题为例，赛题螺纹部分参见图 2.3-6，内螺纹为 M30×1.5-7H，中径 6 级精度，根据赛题所建议的量具清单，采用螺纹塞规比较简便实用。加工内螺纹后，用相应螺纹塞规检测，首先要清理螺纹内的油污和杂质，然后把螺纹塞规通端对正被检测的内螺纹，用螺纹塞规通端检测，如果通端一点都进不去，则说明中径尺寸较大，这时应调整直径方向的磨损值，一般为 0.10mm～0.15mm，继续铣削，再用螺纹塞规检测。如果通端进去一半长度，则应将磨损值相应调整得小一些，一般为 0.02mm 左右，继续铣削，再用螺纹塞规检测，直至螺纹塞规通端全部通过（用手旋转螺纹塞规，每旋一下，螺纹塞规往里前进一段），则调整合格。

2. 螺纹检测

1）根据图样尺寸选用对应的螺纹塞规，需要检测内螺纹为 M30×1.5-7H，则应该选用 M30×1.5-7H 的螺纹塞规。

2）使用前，先清理干净螺纹塞规和被测螺纹表面的油污、杂质等。

3）使用时，使螺纹塞规的通端（止端）与被测螺纹对正后，用大拇指与食指转动螺纹塞规或被测工件，使其在自由状态下旋转。通常情况下（无被测工件的螺纹图示说明时），

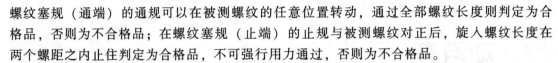

螺纹塞规（通端）的通规可以在被测螺纹的任意位置转动，通过全部螺纹长度则判定为合格品，否则为不合格品；在螺纹塞规（止端）的止规与被测螺纹对正后，旋入螺纹长度在两个螺距之内止住判定为合格品，不可强行用力通过，否则为不合格品。

4）检验工件时，不能用力旋转螺纹塞规，应用三只手指自然顺畅地旋转，止住即可。螺纹塞规退出工件最后一圈时也要自然退出，不能用力拔出螺纹塞规，否则会影响产品检验结果的误差，损坏螺纹塞规。

5）使用完毕后，及时清理干净螺纹塞规通端（止端）的表面附着物，并存放在工具柜的量具盒内。

3. 注意事项

1）螺纹塞规标识公差等级及偏差代号必须与被测工件螺纹公差等级及偏差代号相同时才可使用。

2）只有当通规和止规联合使用，并分别检验合格，才表示被测螺纹合格。

3）应避免螺纹塞规与坚硬物品相互碰撞，轻拿轻放，以防止磕碰而损坏测量表面。

4）严禁将螺纹塞规作为切削工具强制旋入螺纹，避免造成早期磨损。

项目五

表面粗糙度检测量具的选用

任务1 表面粗糙度检测量具的结构认知和使用

【任务描述】 》》》

全国数控技能大赛中，除了对赛件的几何公差有要求外，还对重要特征的表面有表面粗糙度的要求，赛件的表面粗糙度反映了零件加工的表面质量，是重要的检测指标。本任务旨在向参赛选手介绍表面粗糙度的概念及其影响因素，并介绍了测量表面粗糙度值的两种方法，使选手在参赛过程中快速完成加工特征的表面粗糙度检测工作。

【学习目标】 》》》

1. 了解表面粗糙度的概念及影响其大小的因素。
2. 掌握样板、测量仪测量表面粗糙度值的方法。

【能力目标】 》》》

要求选手能够正确完成零件表面粗糙度值的测量工作。

1.1 表面粗糙度的基本概念

加工表面所具有的较小间距的峰和谷所组成的微观几何形状特征称为表面粗糙度，如图2.5-1所示。

表面粗糙度会对赛件造成如下方面的影响：

1）影响赛件的耐磨性。
2）影响配合性质的稳定性。
3）影响赛件的疲劳强度。
4）影响赛件的耐蚀性。
5）影响赛件的密封性。
6）对赛件的外观、测量精度、表面光学性能、导电导热性能和胶合强度等也有一定的影响。

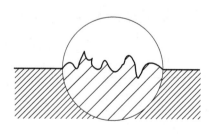

图 2.5-1 表面粗糙度

1.2　常用的表面粗糙度评定方法

1. 比较法

比较法是指用已知参数值的通用对比样块与被测表面相比较，通过人的感官或借助放大镜、显微镜来判断被测表面粗糙度的一种检测方法。通过人的感官进行判断适用于 $Ra>2.5\mu m$ 的场合，而借助于放大镜则适用于 $0.32\mu m<Ra<0.5\mu m$ 的场合。

如图 2.5-2 所示，一般采用通用对比样块与被测表面进行比对，图中分别给出车床、立铣、刨床、平磨、平铣和外磨 6 种机械加工方式下，共 6 组 24 块对比样块，表面粗糙度值分别对应 $0.1\mu m$、$0.2\mu m$、$0.4\mu m$、$0.8\mu m$、$1.6\mu m$、$3.2\mu m$ 和 $6.3\mu m$。

2. 表面粗糙度测量仪的结构和使用

表面粗糙度测量仪是一种测量精度高、测量范围广、操作简便、便于携带且工作稳定的表面粗糙度值检测量具，可以方便快捷地用于各种金属与非金属的加工表面的表面粗糙度值检测工作。表面粗糙度测量仪的结构如图 2.5-3 所示。传感器是表面粗糙度测量仪的重要部件，其结构如图 2.5-4 所示。

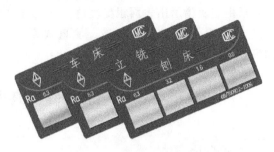
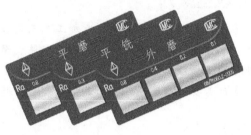

图 2.5-2　通用对比样块

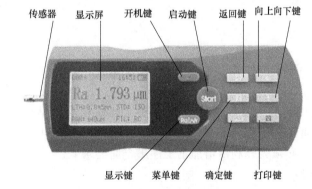

图 2.5-3　表面粗糙度测量仪的结构

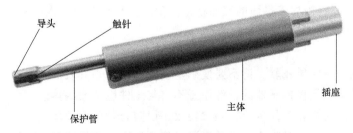

图 2.5-4　表面粗糙度测量仪传感器的结构

在测量工件表面粗糙度时，应该首先将传感器搭放在工件被测表面上，然后起动仪器进行测量，由仪器内部的精密驱动机构带动传感器沿被测表面做等速直线滑行，传感器内置的触针同时感受被测表面的表面粗糙度，此时工件被测表面的表面粗糙度会使触针产生位移，该位移使传感器主体内的电感线圈电感量发生变化，测量电路输出电信号，经放大、滤波和计算后由主机指示出表面粗糙度值。它能自动计算出轮廓的算术平均偏差 Ra、轮廓的最大高度 Rz 和其他多种评定参数，测量效率高，适用于测量 Ra 为 $6.3 \sim 0.025\mu m$ 的表面粗糙度。

任务2　典型案例分析

【任务描述】　》》》

零件的表面加工质量是判断加工工艺是否合格的一项重要指标，表面粗糙度就是零件表面加工质量的一项重要内容，是反映零件表面微观几何形状误差的重要指标，是检验零件表面质量的主要依据。零件的表面粗糙度决定了疲劳强度与耐蚀性等重要的性能指标，所以加工完成后需要准确选用测量工具完成表面粗糙度的测量。

【学习目标】　》》》

1. 能够根据表面粗糙度要求选用适合的测量方法完成表面粗糙度值的测量。
2. 能够正确使用表面粗糙度检测工具测量出表面粗糙度值。

【能力目标】　》》》

要求选手能够正确完成工件表面粗糙度值的测量工作。

1. 案例分析

以第七届全国数控技能大赛加工中心操作工（五轴）项目学生组赛题为例（参见图2.3-6），该题中侧平面的表面粗糙度要求为 $Ra1.6\mu m$，表面粗糙度要求较高，无法只利用粗加工工序达到要求，必须另外利用精加工工序满足此要求。

2. 表面粗糙度检测

对于表面粗糙度要求为 $Ra1.6\mu m$ 的表面，采用比较法，根据工艺安排制订的铣削方式，选择样块中"平铣"加工方式中的"1.6"等级样块，参见图2.5-2。直接根据视觉和触觉与比较样块进行比较，被加工平面的表面粗糙度值应低于对应样块表面粗糙度值，以判定被测表面是否符合规定。

3. 注意事项

1）通用对比样块材质较软，请不要使用坚硬的物体刮划其表面。
2）表面粗糙度测量仪传感器的触针注意不要与工件撞击或跌落。
3）工件应避免与坚硬物品碰撞，轻拿轻放，以防止磕碰而损坏。
4）使用完毕后，应及时将表面粗糙度测量仪和通用对比样块存放在规定的量具盒内。

模块三

数控铣削加工工艺制订

本模块为第七届和第八届全国数控技能大赛决赛赛题（含职工组、教师组和学生组），选手们可以结合竞赛时间要求，快速进行工艺分析；结合实际刀具情况，合理选择刀具；结合工艺特性，合理制订工件装夹及加工次序，充分利用软件加工策略，生成高效的加工程序。

历届全国数控技能大赛命题的中心思想都是为了更好地推动我们国家数控加工应用技术的发展，提高从事数控加工人员的综合技术技能水平。本书所公开的真题，就是要给广大的老师、教练、学生和技术工人一个相互学习、相互交流、共同提高的平台。通过赛题分析和经验总结，帮助选手们理解数控大赛对参赛选手多层面的基础知识要求、职业技能要求和专业素养要求；同时，提升指导教师组和教练组整体水平，为今后的比赛集训奠定良好基础。

【学习目标】

1. 掌握赛题整体设计思路和工艺要求。
2. 掌握数控铣加工领域的新知识、新技能、新设备和新方式。

【能力目标】

通过对历届全国数控技能大赛实操题进行分析，培养解决高难度加工、大工作量的能力以及识图能力和分析复杂工艺的能力，掌握工艺处理、刀具选用、加工部位转换等多方面的技巧，让选手们正确选择每个加工环节较优的加工策略、合理的加工参数以及加工不同材料时，在应力释放下的加工工艺方法。

项目一

第七届全国数控技能大赛数控铣工职工/教师组赛题1工艺解析

本项目以第七届全国数控技能大赛数控铣工职工/教师组决赛赛题为指导。通过认知数控铣削刀具与学习应用技术，选手应掌握数控铣削针对异形、复杂零件加工刀具的工艺知识与选用能力，并最终完成大赛中的常用刀具选用任务。

【学习目标】 >>>

1. 掌握数控铣削刀具的基本分类与常识。
2. 掌握数控铣削刀具的选用方法。
3. 了解数控铣削刀具应用中的一些注意事项。
4. 了解异形、复杂零件加工工艺制订原则。

【能力目标】 >>>

通过学习本项目，选手应能够从专业角度明确数控铣削刀具的分类与使用常识，能够解决数控铣削加工中的刀具选用问题，在使用数控铣削刀具时具备刀具的选用及应用能力。

任务1 赛题分析

【任务描述】 >>>

1. 赛件装配图及零件图的识读。
2. 能够根据图样要求分析出加工难点。
3. 能够根据分析出的加工难点制订初步解决方案。

【学习内容】 >>>

本赛题是典型的数控铣削竞赛试题，突出体现了竞赛特点，围绕典型内轮廓、外轮廓、型腔轮廓、对称轮廓以及孔和螺纹孔进行铣削加工。主要加工两个主面轮廓和部分侧面，相对装夹次数不多，对选手的综合能力要求较高。本赛件材料为2A12，毛坯尺寸为100mm×100mm×50mm，赛件模型如图3.1-1所示，赛件零件图如图3.1-2所示，刀具及辅件清单见表3.1-1。

图 3.1-1　赛件模型

表 3.1-1　刀具及辅件清单

序号	名称及规格	数量	备注
1	毛坯	2个	现场发放
2	NC 中心钻：φ10mm，90°，钢铝通用	1个	山高提供
3	铝用粗铣刀：φ8mm JS412080D2SZ2.0	1把	山高提供
4	铝用粗铣刀：φ12mm JS412120D2SZ2.0	1把	山高提供
5	钢用粗铣刀：φ6mm JHP951060D2R050.0Z4-SIRA	1把	山高提供
6	钢用粗铣刀：φ10mm JHP951100E2R050.0Z4-SIRA	1把	山高提供
7	通用精铣刀：φ6mm JS520060D2C.0Z5-NXT	1把	山高提供
8	通用精铣刀：φ10mm JS520100D2C.0Z6-NXT	1把	山高提供
9	倒角刀：φ10mm，90°，钢铝通用	1把	山高提供
10	内螺纹铣刀：R396.19-2522.3S-4003-3AM 刀片：396.19-4003.0N1.5ISO，H15 铝用 刀片：396.19-4003.0N1.5ISO，F30M 钢用	1套	山高提供
11	外螺纹铣刀：R396.19-2522.3S-4003-3AM 刀片：396.19-4003.0E1.5ISO，F30M 钢用	1套	山高提供
12	镗铣刀：M4012514+A78020+A72520 镗径 φ30～φ40mm 刀片：CCGT060202，03G3 通用刀片	1套	山高提供
13	方肩铣刀：φ50mm R220.69-0050-10-5A 刀片：XOEX10T308FR-E05，H15 铝用 刀片：XOMX10T308TR-M09，MP2500 钢用	1套	山高提供
14	方肩铣刀：φ20mm R217.69-2020.0-10-3A 刀片：XOEX10T308FR-E05，H15 铝用 刀片：XOMX10T308TR-M09，MP2500 钢用	1套	山高提供
15	球头铣刀：φ8mm 钢铝通用	1把	山高提供

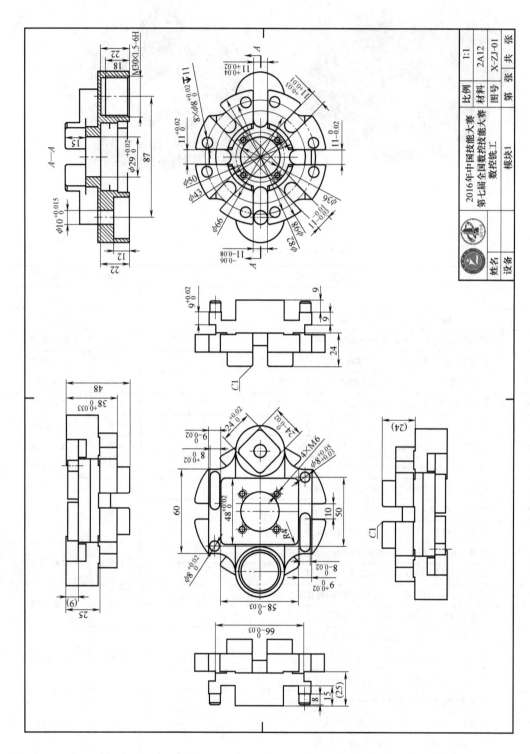

图 3.1-2 赛件零件图

任务 2　赛件加工工艺制订

【任务描述】　》》》

1. 根据赛件零件图要求进行工艺分析。
2. 根据工艺分析内容制订合理的工艺方案。
3. 按照工艺方案进行程序编制及加工。

【学习内容】　》》》

结合赛件加工元素和结构特点分析可知，加工应采用粗、精加工分开的方式，充分去除工件应力，避免加工后工件变形，影响尺寸精度。结合工件形状特点以及全国数控技能大赛的相应技术要求，本赛件采用精密平口钳装夹完成全部项目加工，不需要制作二类工装。

赛件的加工量在两主要面上，相对去除余量较大。工件两侧的部分加工位置要充分考虑工艺，便于装夹定位加工。要充分结合工艺进行粗加工应力释放，便于赛件装夹定位，为后续精加工奠定质量基础。针对此类零件，工艺定制很关键，确定合理的加工工艺尤为重要，也是保证零件加工质量、提高加工效率的保障。在工艺方面，本书并未进行深入的探讨。

2.1　圆台均布槽位置粗加工

结合赛件结构特点进行详细分析，合理地安排工艺步骤是保证赛件顺利加工完成也是保证加工质量的重要环节。本部分粗加工的首要目的是去除大的加工余量，去除加工后的材料应力，避免后续加工变形影响加工尺寸；其次是为后续加工奠定工艺基础，便于后续加工装夹与定位。

1. 工艺方式

圆台均布槽位置面加工余量去除较大，为避免出现较大的变形，在主要加工面大余量位置粗加工完成后，再分别进行精加工。图 3.1-3 所示为圆台均布槽位置粗加工。

作为首选进行的粗加工位置，应充分考虑后续装夹定位，为后续加工确定工艺基础。结合毛坯尺寸，将图样要求的圆台加工成八方形状。圆台均布槽粗加工位置如图 3.1-4 所示。

采用平口钳装夹，利用 φ50mm 方肩铣刀进行粗加工，刀具型号为：φ50mm R220.69-0050-10-5A。方肩铣刀如图 3.1-5 所示。

2. 刀具应用方式

此种类型轮廓常用的加工方式主要有两种，一种为常规分层去除方式，另一种为刀具围绕封

图 3.1-3　圆台均布槽位置粗加工

闭加工轮廓进行螺旋式插补形式去除材料。选定的 φ50mm 方肩铣刀可承受的最大斜坡角度为 1.2°，刀具切削每 100mm，刀具最大切削深度 2.09mm。下刀方式如图 3.1-6 所示。

按照逐层等高加工的方式，结合选用刀具，通过查询刀片（XOEX10T308FR-E05，

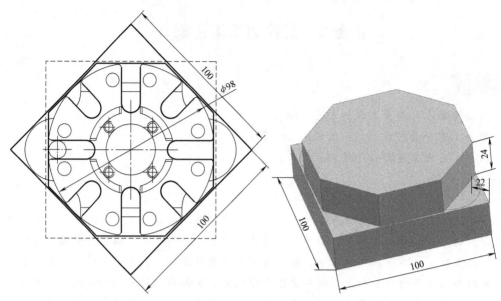

图 3.1-4　圆台均布槽粗加工位置

H15）参数表可知最大可加工深度为 4.5mm。

图 3.1-5　方肩铣刀

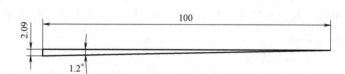

图 3.1-6　下刀方式

对于确定的工艺加工形状，主要目的是"第二装夹找正基准"，以便于后续找正，实现牢固装夹。

而在刀具选用与应用方面，应充分结合加工效率和轮廓尺寸进行考虑。如图 3.1-4 所示，对角线位置余量尺寸为 22mm，利用 ϕ20mm 方肩铣刀不能一次完成加工，因此推荐选用 ϕ50mm 方肩铣刀进行加工。

2.2　最大外围轮廓粗加工

前部圆台位置粗加工后形成可装夹的基准，通过已加工形成的八方轮廓进行装夹找正，粗加工最大外围轮廓。最大外围轮廓粗加工见表 3.1-2。

最大外围轮廓部分粗加工首要考虑加工效率，可实现的加工工艺方式有多种形式，常见的方式如下：

（1）加工方式一　利用方肩铣刀进行沿轮廓逐层粗加工。

可利用 ϕ20mm 方肩铣刀进行粗加工，对于本材料，可选用齿数为三的铣刀，这种开放轮廓粗加工适合利用方肩铣刀采用分层的加工方式进行粗加工。

推荐的刀具型号为：ϕ20mm R217.69-2020.0-10-3A。刀具推荐参数见表3.1-3。

表3.1-2　最大外围轮廓粗加工

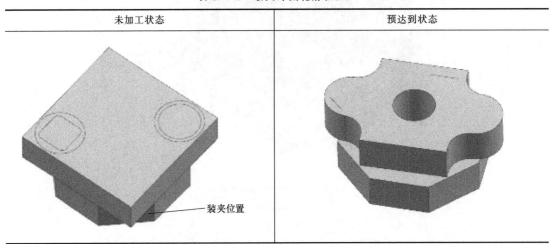

未加工状态	预达到状态

装夹位置

表3.1-3　刀具推荐参数

刀片型号	最大切削深度 a_p/mm	切削速度 v_c/(m/min)	每齿进给量 f_z/(mm/z)		
			100%切削深度	30%切削深度	10%切削深度
XOEX10T308FR-E05,H15	4.5	600~900	0.09	0.1	0.15

最大外围轮廓粗加工位置如图3.1-7所示。

（2）加工方式二　利用直柄立铣刀进行粗加工。

利用直柄立铣刀动态铣削加工方式，也是典型的三轴轮廓粗加工的有效方式，这种加工方式具备良好的刀具利用率。根据轮廓的加工深度，在选择刀具方面可以选定大于加工深度刃长的刀具，一次达到加工深度进行粗加工。对于应用刀具应进行全面的了解，确认进行可承受加工深度、可侧铣加工宽度等相关参数。

2.3　型腔轮廓粗加工

按照正常的铣削加工工艺原理，粗加工应遵循"先内后外"的原则。结合该赛件的结构特点、加

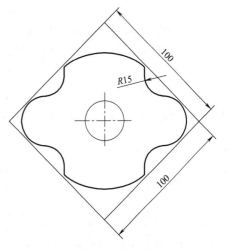

图3.1-7　最大外围轮廓粗加工位置

工后的应力释放情况以及加工效率考虑，可以选择摆脱传统的加工工艺方式。若最大外围轮廓粗加工完成，则可为内部轮廓粗加工减少加工余量。内部轮廓粗加工在刀具选用方面受轮廓形状所限，所用刀具的直径相对较小。综上所述，可以先完成最大外围轮廓粗加工后再进行内部轮廓位置的粗加工，这也是综合加工效率最高的工艺方法。型腔轮廓粗加工位置如图3.1-8所示。

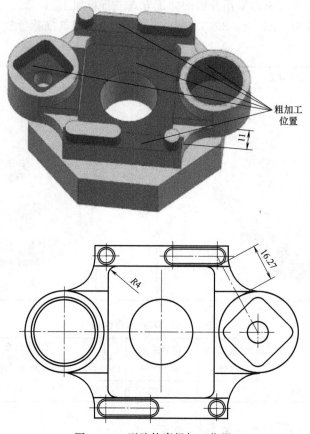

图 3.1-8 型腔轮廓粗加工位置

对于型腔轮廓加工，须找出预加工型腔的最小位置尺寸，其目的是确保选定刀具能够完全通过开放位置，明确最小开放位置尺寸，选择更加适合的刀具。通过测量可知，最小位置尺寸为 16.27mm。使用 φ12mm 的整体硬质合金铝用粗铣刀进行加工。

在加工方式应用方面，优先选用动态铣削的加工方式进行余量去除。当然也可以利用深度逐层的加工方式进行余量去除。针对深度逐层的加工方式，刀具的应用参数见表 3.1-4。

表 3.1-4 刀具的应用参数

山高材料组	冷却方式	$a_p/$DC	DC/mm										v_c/(m/min)
			2	3	4	5	6	8	10	12	16	20	
			$f_z/$(mm/z)										
N1	乳化液	1.2	0.020	0.030	0.040	0.050	0.060	0.080	0.10	0.12	0.16	0.20	500(400~600)
N2	乳化液	1.0	0.016	0.024	0.032	0.040	0.048	0.065	0.080	0.095	0.13	0.16	400(300~500)
TS1	空冷	1.2	0.020	0.030	0.040	0.050	0.060	0.080	0.10	0.12	0.16	0.20	530(420~630)
TP1	空冷	1.2	0.020	0.030	0.040	0.050	0.060	0.080	0.10	0.12	0.16	0.20	420(315~530)

2.4 型腔轮廓位置精加工

在前两步粗加工完成后，需要进行工件应力释放，粗加工完成将工件进行重新装夹自然释放变形，然后根据制订的加工工艺进行精加工。

1. 整体外轮廓精加工

根据图形分析，图 3.1-9 所示外轮廓在统一深度，可以实现以连续方式进行轮廓位置的精加工。

图 3.1-9 所示为外轮廓精加工，可利用整体硬质合金精铣刀进行加工，根据尺寸选用 $\phi 10mm$ 通用精铣刀，刀具刃长（25mm）大于最深轮廓为宜，以保证侧边加工轮廓的表面质量。选用 $\phi 10mm$ 通用精铣刀的目的是为了保证加工内容的连续性，将第一轮廓层与外轮廓加工位置进行统一工艺规划，通过设定统一的加工参数，设置刀具半径易控制轮廓的尺寸和表面质量。

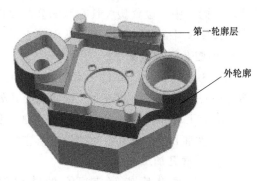

图 3.1-9　外轮廓精加工

工件材料为 2A12，表 3.1-5 给出了整体硬质合金铣刀可实现的切削速度范围。

表 3.1-5　整体硬质合金铣刀可实现的切削速度范围

材料	切削速度/（m/min）
2A12	455～550

2. 第一轮廓层精加工

图 3.1-9 所示位置应尽量配合外围轮廓进行同等参数方式精加工，从而达到同样的加工表面质量和尺寸公差。因此，同样选用 $\phi 10mm$ 通用精铣刀。

在加工中应注意每个加工要素的公差具体要求。如图 3.1-10 所示，加工要素轮廓形状一致，但实际要求的公差并不相同。

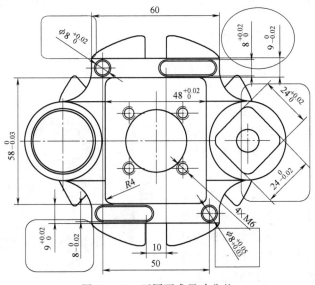

图 3.1-10　不同要求尺寸公差

针对此种情况，单独的相同形状轮廓，每个加工轮廓刀具直径在设定时都应加以注意。在编制加工程序时，按照基本尺寸进行图形绘制；在进行程序输出时，虽是相同轮廓，但需要单独设定刀具半径并单独输出加工程序。

针对一个连续轮廓，例如，图 3.1-10 中两处方形腔，一处的基本尺寸均为 24mm，但公差要求不同；中心位置型腔长和宽的公差要求也不相同。对于此种形式，在制图环节应加以注意，按照尺寸公差进行绘图，从而便于保证加工精度尺寸。

3. 型腔及开放槽加工

如图 3.1-11 所示，零件中有两处方形腔，圆角尺寸均为 R4，并且两处宽度为 11mm 的通槽与中间方腔侧边为同一面，因此以上几处位置应统一规划刀具。

结合加工尺寸，刀具选用半径小于加工圆角的半径尺寸，优先选用直径 φ6mm 通用精铣刀。在精加工中，刀具半径的设定值应统一。

4. 螺纹底孔加工

加工螺纹底孔应先完成底孔的铣削加工，再完成螺纹加工。底孔的加工直径为 φ28.5mm（M30×1.5），按照底孔尺寸要求尽可能一次完成加工，刀具选择易排屑的粗加工刀具即可，采用螺旋进刀、侧铣扩展的走刀方式，可充分利用有效刀具刃长提高加工效率。螺纹底孔加工如图 3.1-12 所示。

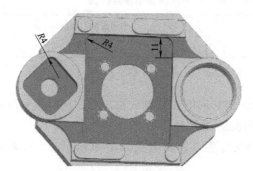

图 3.1-11 型腔及开放槽加工

图 3.1-12 螺纹底孔加工

2.5 圆台均布槽位置精加工

型腔轮廓位置精加工完成后，利用平口钳定位装夹，进行圆台均布槽位置精加工。

1. 圆台面及侧面精加工

图 3.1-13 所示为圆台面及侧面精加工，要充分考虑选择的刀具既能满足圆台面和侧面两处的良好衔接，又能满足圆台面和侧面的精加工要求。通过尺寸可以看出，圆台面宽度为 24mm，如果选择合适直径的方肩铣刀则可以一次完成圆台面的精加工，但方肩铣刀不能完成侧面的精加工，所以还需要利用立铣刀进行侧面的精加工。两面根部衔接相对比较困难，为了更好地进行高质量的衔接，建议采用直柄

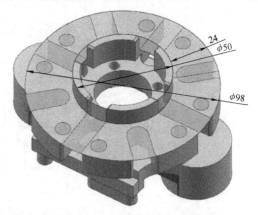

图 3.1-13 圆台面及侧面精加工

立铣刀将两面加工结合起来，一次完成加工。

2.连续开放槽轮廓精加工

如图 3.1-14 所示为工件主要精加工位置的公差，涉及八处与整体轮廓相连续的开放槽，按轮廓的连续性、加工的去除量等因素进行综合考虑并进行刀具的选用，刀具直径应小于开放槽的宽度，满足条件的常用刀具尺寸有 $\phi10mm$、$8mm$ 和 $\phi6mm$ 等，具体选择哪种直径的刀具更加适合，应结合图形再进行分析。

如果选择直径相对较大的加工刀具，图 3.1-15 所示为选择 $\phi10mm$ 通用精铣刀加工，则在刀具中心进行内圆角加工时，实际是围绕 $\phi1mm$ 的圆进行旋转，刀具外侧相对于工件的接触面积必然很大，加工时的切削力陡增。另外，编程中的进给量给定方式，通常是刀具中心给定方式，当刀具中心围绕 $\phi1mm$ 的圆按照给定进给量执行时，实际刀具切削刃的进给速度高。

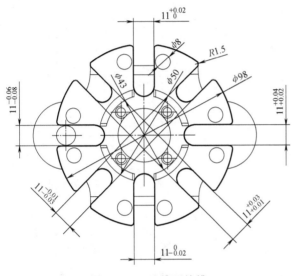

图 3.1-14　连续开放槽

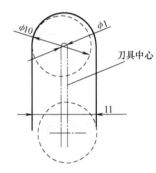

图 3.1-15　$\phi10mm$ 通用精铣刀加工

由于这两种因素的存在非常容易造成刀具的损伤或出现工件加工的欠切现象，为了避免出现此类现象，必须选择适合的加工刀具。

选择直径相对较小的刀具不能一次完成槽的整体加工，这就需要选择合适直径的刀具，从而满足往复加工时，加工轨迹相互覆盖，完成加工任务。合适直径刀具加工如图 3.1-16 所示。

在加工过程中，按照加工轮廓进给控制的方式，需要确定机床是否具有按照轮廓变化给定进给率的功能。如果机床具有此功能，则最好采用刀具给定进给率的方式，从而保证加工

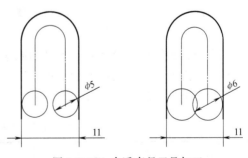

图 3.1-16　合适直径刀具加工

表面质量相对一致性；如果机床没有此功能，则需要在圆弧拐角处相应降低进给速度，以保证加工表面质量，减少加工隐患的出现。

如图 3.1-17 所示，加工方形外轮廓，方形对边尺寸的公差要求不同，若采用基本尺寸连续的轮廓加工方式，则会出现加工完成轮廓不符合公差尺寸的情况。因此可以将完整的加工轮廓"化整为零"，采用单边轮廓单独加工，通过对边控制尺寸公差的形式来进行加工，实现"化整为零"。

加工一个完整轮廓，但是轮廓要求的尺寸公差有所不同时，如果直接按照轮廓基本尺寸进行加工，则无法满足相应的尺寸要求，需要对轮廓进行拆分。如图 3.1-18 所示，将方形外轮廓拆分成四个单独的直线轮廓进行加工，采用这样的方式来控制尺寸公差。

该零件的几处开放槽要求的公差各不相同，因此要对加工中的连续加工轮廓进行拆分，具体怎样拆分，建议结合是否便于编程以及是否便于控制尺寸等方面综合考虑，并进行合理安排。

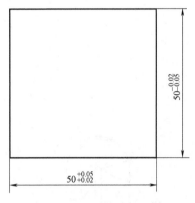

图 3.1-17　对边公差不同

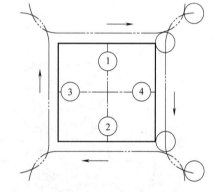

图 3.1-18　拆分加工过程

2.6　孔加工部分

在孔加工中，加工效率往往是选手容易忽视的地方，很多选手并没有有效发挥出孔加工刀具的实际性能。图 3.1-19 所示为四个 M6 底孔的加工，底孔直径 $\phi 5$mm。加工时首先钻中心孔，然后钻四个 M6 底孔，那钻孔时的参数应该怎么确定呢？下面将结合实际钻头情况进行说明。

所用的钻头材质一般是高速工具钢或整体硬质合金。高速钢钻头的加工参数见表 3.1-6，整体硬质合金钻头的加工参数见表 3.1-7。

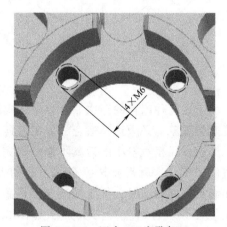

图 3.1-19　四个 M6 底孔加工

表 3.1-6　高速钢钻头的加工参数

加工材质	切削速度 v_c/(m/min)	钻头直径 d/mm				
		<3	3~6	6~13	13~19	19~25
		进给量 f/(mm/r)				
铝及铝合金	90~110	0.08	0.15	0.25	0.40	0.48
碳素结构钢	18~24	0.08	0.13	0.20	0.26	0.32

表 3.1-7 整体硬质合金钻头的加工参数

加工材质	切削速度 v_c/(m/min)	钻头直径 d/mm				
		<3	3~6	6~13	13~19	19~25
		进给量 f/(mm/r)				
铝及铝合金	250	0.08	0.15	0.25	0.40	0.48
碳素结构钢	180~230	0.16	0.2	0.35	0.45	0.50

项目二

第七届全国数控技能大赛数控铣工职工/教师组赛题2工艺解析

本项目以第七届全国数控技能大赛数控铣工职工/教师组决赛赛题为指导，通过认知数控铣削刀具与学习应用技术，选手应掌握数控铣削针对异形、复杂零件加工刀具的工艺知识与选用能力，并最终完成大赛中的常用刀具选用任务。

【学习目标】 >>>

1. 掌握数控铣削刀具的基本分类与常识。
2. 掌握数控铣削刀具的选用方法。
3. 了解数控铣削刀具应用中的一些注意事项。
4. 了解复杂零件的加工工艺制订原则。

【能力目标】 >>>

通过学习本项目，选手应能够从专业角度明确数控铣削刀具的分类与使用常识，能够解决数控铣削加工中复杂零件的刀具选用问题，在使用数控铣削刀具时具备刀具的选用及应用能力。

任务 1 赛 题 分 析

【任务描述】 >>>

1. 赛件装配图及零件图的识读。
2. 能够根据图样要求分析出加工难点。
3. 能够根据分析出的加工难点制订初步解决方案。

【学习内容】 >>>

本赛题是典型的数控铣削竞赛类试题，主要围绕标准轮廓、型腔、基础孔及螺纹进行铣削加工。主要加工形状为开放侧面，加工过程中应充分考虑零件加工变形问题；部分轮廓加工中需考虑机床反向间隙问题，需要采用单一轮廓单独加工的方式进行解决；更重要的是加工效率问题，因为加工轮廓包含的元素多，数控编程的工作量大，如何合理安排时间是保证加工效率的关键。此外，还要考虑加工精度，不能只考虑了速度而忽略了精度，竞赛不仅以完成量为考核依据，还考核产品的加工尺寸，不能顾此失彼。

赛件模型如图3.2-1所示，赛件零件图如图3.2-2所示，刀具及辅件清单见表3.2-1。赛件材料为45钢，毛坯尺寸为150mm×100mm×50mm。45钢是切削加工中常见的加工材料，其切削性能较好。针对本赛题较大的切削工作量，训练时要进一步了解材料的性能、刀具的切削性能、刀具的切削速度和刀具的寿命等方面的内容，为顺利完成加工任务做准备。

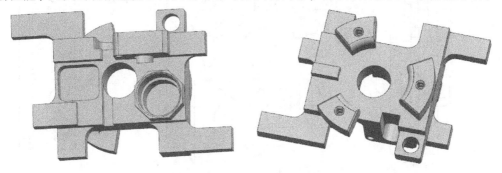

图3.2-1 赛件模型

表3.2-1 刀具及辅件清单

序号	名称及规格	数量	备注
1	毛坯	2个	现场发放
2	NC中心钻：φ10mm，90°，钢铝通用	1个	山高提供
3	铝用粗铣刀：φ8mm JS412080D2SZ2.0	1把	山高提供
4	铝用粗铣刀：φ12mm JS412120D2SZ2.0	1把	山高提供
5	钢用粗铣刀：φ6mm JHP951060D2R050.0Z4-SIRA	1把	山高提供
6	钢用粗铣刀：φ10mm JHP951100E2R050.0Z4-SIRA	1把	山高提供
7	通用精铣刀：φ6mm JS520060D2C.0Z5-NXT	1把	山高提供
8	通用精铣刀：φ10mm JS520100D2C.0Z6-NXT	1把	山高提供
9	倒角刀：φ10mm，90°，钢铝通用	1把	山高提供
10	内螺纹铣刀：R396.19-2522.3S-4003-3AM 刀片：396.19-4003.0N1.5ISO，H15 铝用 刀片：396.19-4003.0N1.5ISO，F30M 钢用	1套	山高提供
11	外螺纹铣刀：R396.19-2522.3S-4003-3AM 刀片：396.19-4003.0E1.5ISO，F30M 钢用	1套	山高提供
12	镗铣刀：M4012514+A78020+A72520 镗径 φ30~φ40mm 刀片：CCGT060202,03G3 通用刀片	1套	山高提供
13	方肩铣刀：φ50mm R220.69-0050-10-5A 刀片 XOEX10T308FR-E05,H15 铝用 刀片 XOMX10T308TR-M09,MP2500 钢用	1套	山高提供
14	方肩铣刀：φ20mm R217.69-2020.0-10-3A 刀片：XOEX10T308FR-E05,H15 铝用 刀片：XOMX10T308TR-M09,MP2500 钢用	1套	山高提供
15	球头铣刀：φ8mm 钢铝通用	1把	山高提供

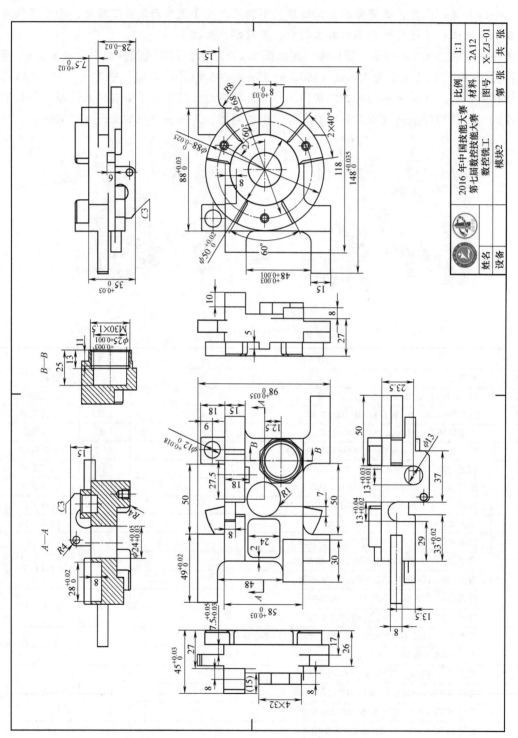

图 3.2-2 赛件零件图

任务2 赛件加工工艺制订

【任务描述】》》》

1. 根据赛件零件图要求进行工艺分析。
2. 根据工艺分析内容制订合理的工艺方案。
3. 按照工艺方案进行程序编制及加工。

【学习内容】》》》

结合赛件加工要素和结构特点，选择合适的加工方式，然后根据加工方式选择合适的加工刀具。快速大余量去除材料后，释放材料内应力，合理利用工艺发挥刀具实际的加工性能。结合工件形状特点和全国数控技能大赛的相应技术要求，本赛件采用精密平口钳完成全部项目加工，不需要制作二类工装。

2.1 两侧工艺余量的去除

1. 加工位置一

图3.2-3所示为加工位置一，两侧工艺余量位置相对加工量较大，粗加工宽度20mm左右（毛坯余量应予计算）。根据刀具的实际加工效率，优先选择方肩铣刀进行简单轮廓的去除，采用周铣方式逐层加工，以刀具直径一次能够完全覆盖加工宽度为宜。一般在技能竞赛中，常提供两种尺寸的方肩铣刀，分别是ϕ50mm和ϕ20mm的方肩铣刀；利用ϕ20mm方肩铣刀进行预加工，会出现加工宽度超过100%刀具直径的情况，一次不能完成该面宽度的加工。如果利用此刀具一次进行该面的粗加工，则侧壁精加工余量相对残留较多，给后续精加工带来一定的困难。

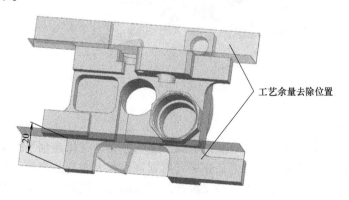

工艺余量去除位置

20

图3.2-3 加工位置一

在粗加工过程中，考虑刀具直径的利用率问题，建议加工宽度尺寸为使用刀具直径的60%~80%为宜，加工方式为顺铣，既考虑加工效率又考虑刀具的磨损与寿命，综合选择，确定刀具直径利用率。例如本案例选定刀具参数情况应为ϕ50mm R220.69-0050-10-5A，所选用的刀片型号为XOMX10T308TR-M09，MP2500。本案例刀具参数见表3.2-2。

表 3.2-2　本案例刀具参数

刀片型号	切削深度 a_p/mm	每齿进给量 f_z(mm/z)		
		100%切削深度	30%切削深度	10%切削深度
XOMX10T308TR-M09,MP2500	4.5	0.11	0.12	0.18

要想有效地发挥刀具的实际加工性能，除正确选择上述参数外，更重要的是合理的切削速度参数，应针对刀片的型号推荐采用相应的切削速度。切削速度见表 3.2-3。

表 3.2-3　切削速度

加工材质	刀片型号：XOMX10T308TR-M09 MP2500		
	100%切削深度	30%切削深度	10%切削深度
中碳钢	245m/min	320m/min	380m/min

当然，在实际参数选择方面，还应结合机床的具体情况、工件的装夹情况和实际的切削深度等，综合分析考虑。

2. 加工位置二

加工位置二如图 3.2-4 所示，两处加工位置可采用相同的加工方式。此工艺方式考虑后续工艺可利用的装夹定位，通过二次装夹实现加工成形。

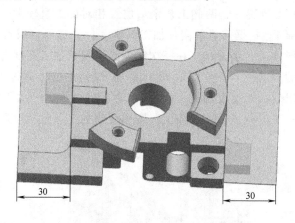

图 3.2-4　加工位置二

3. 其余形状粗加工

在其他大余量去除方面，应结合成熟的加工工艺方式，在体现加工效率、发挥刀具性能和提高刀具寿命方面综合考虑。例如，在进行轮廓性位置大余量加工时，再利用传统分层加工去除余量的方式就不太适合，可以利用流行且实用的动态铣削加工方式完成加工。形状粗加工动态铣削示意如图 3.2-5 所示，此方式的优点有轮廓等深、侧铣等宽、切削力稳定以及切削刃利用率高等。

根据加工轮廓，结合刀具刚度、可利用的刃长、切削力等方面综合考虑，可选刀具直径为 12mm 或 10mm 的铣刀进行加工。选用刀具为"φ10mm JHP951100E2R050.0Z4-SIRA"的整体硬质合金铣刀。刀具参数示意如图 3.2-6 所示，刀具参数见表 3.2-4。为便于查阅和计算，本任务中所用的部分符号与山高刀具厂家《刀具手册》中出现的符号为准。

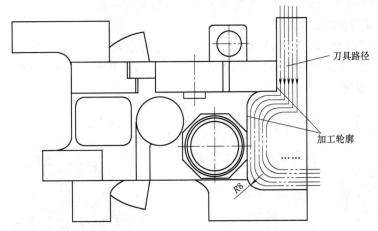

图 3.2-5　形状粗加工动态铣削示意

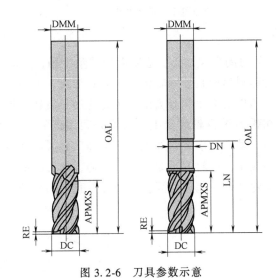

图 3.2-6　刀具参数示意

表 3.2-4　刀具参数

型号	尺寸/mm								类型
JHP951100E2R050.0Z4-SIRA	DC	DMM	APMXS	OAL	LN	DN	CHW	RE	圆柱柄
	10	10	22	70	28	9.4	—	0.5	

根据本刀具，结合采用的加工方式，刀具切削参数见表 3.2-5。

表 3.2-5　刀具切削参数

切削宽度 a_e/DC	切削深度 a_p/DC	每齿进给量 $f_z/(\text{mm/z})$				切削速度 $v_c/(\text{m/min})$
		6	8	10	12	
0.4	1.7	0.060	0.085	0.10	0.12	175（150~200）

切削速度 v_c 在 150~200mm/min 之间；每齿进给量 f_z 在 0.1 以内；切削宽度一般小于刀具直径的 0.4；切削深度在 1.7 倍刀具直径以内。

有了对上述参数的了解就可以更好地发挥刀具的实际效能。

4. 部分内部型腔加工

对于如图 3.2-7 所示的部分内部型腔加工，在进行余量去除时，应尽量采用同深层共处理的方式，整体连续地完成粗加工；在进行精加工时，采用单轮廓单处理的方式，以便更好地控制加工尺寸要求。

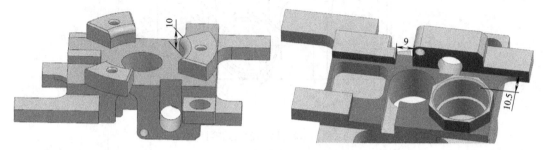

图 3.2-7　部分内部型腔加工

5. 封闭型腔加工

对于如图 3.2-8 所示的封闭型腔加工，应明确内圆角半径，刀具直径选择时一定要小于内圆角半径尺寸。加工轮廓圆角应是按照轮廓铣削方式形成，而不是通过刀具半径直接加工形成，直接按照刀具半径形成的圆角部分会出现明显的加工痕迹，影响整体表面质量。

选定 $\phi6mm$ 的钢用粗铣刀进行轮廓加工。推荐先利用该刀具进行螺旋下刀，达到指定加工深度后，采用径向逐步动态铣削方式加工，一次加工到要求深度（预留精加工余量）。

关于螺旋下刀方式的应用，应对刀具参数详细了解，如刀具的斜向切削角度。在编程过程中，应结合实际的加工轮廓进行相应计算，提高刀具直径利用率，如图 3.2-9 所示。

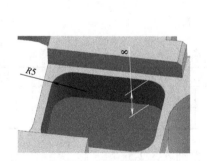

图 3.2-8　封闭型腔加工

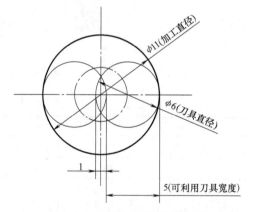

图 3.2-9　提高刀具直径利用率

通过设定好的加工直径，进行螺旋下刀，螺旋角度设定合适后，完成进刀；同时，要充分利用有效刀具刃长，选择合适的进刀位置进刀，通过动态铣削加工方式进行加工。

例如，选定加工刀具为"$\phi6mm$ JHP951060D2R050.0Z4-SIRA"，进行刀具相关参数的查询，具体参数如下：

1）切削速度 $v_c = 150 \sim 200mm/min$。

2）每齿进给量：f_z 在 0.05mm 以内。

3）切削宽度 a_e 为 0.4 倍刀具直径以内。

4）切削深度 a_p 为 1.7 倍刀具直径以内。

其余位置的粗加工应用方式，可借鉴上述几个位置的粗加工方式。总之，要充分利用刀具，全面了解常用刀具的加工参数推荐值，并结合实际的情况加以试验，更好地掌握刀具的各种性能，发挥出刀具应有的性能。

2.2　精加工部分

本赛件精加工部分轮廓非常零散，需要全面知晓每个轮廓的尺寸公差要求和相互位置关系；在选择加工刀具时，应结合上述内容，进行准确分析并做出合理选择。

1. 部分位置精加工

如图 3.2-10 所示，7.5mm 尺寸直接限制了该处位置不能选择相对直径较大的刀具。要想达到高质量的侧面和底面的衔接效果，建议选择 ϕ6mm 通用精铣刀；同时，参考加工位置的深度要求，应尽可能使刀具刃长满足加工要求。

值得注意的是，不能一味要求刀具刃长大于加工侧面深度，刀具刃部越长，相对强度越低，所以选择应在一个合理范围之内。那么，到底如何选择所应用的刀具参数呢？下面以刀具 ϕ6mm JS520060D2C.0Z5-NXT 为例，本案例刀具参数见表 3.2-6，刀具齿数为 5 齿，有

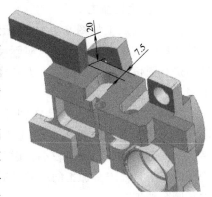

图 3.2-10　部分位置精加工

效刃长 15mm。结合侧边轮廓加工深度 20mm，在精加工中采用等距分层形式进行铣削。

表 3.2-6　本案例刀具参数

型号	长度指数	刀具形状	尺寸/mm					PCEDC
			DC	DMM	APMXS	OAL	CHW	
JS520040F2C.0Z5-NXT	2	F	4	6	10	57	0.04	5
JS520050F2C.0Z5-NXT	2	F	5	6	12	57	0.05	5
JS520060D2C.0Z5-NXT	2	D	6	6	15	57	0.06	5

根据本刀具，结合采用的加工方式，刀具的应用参数见表 3.2-7。

表 3.2-7　刀具的应用参数

山高材料组	冷却方式	a_e/DC	a_p/DC	DC/mm										v_c /(m/min)
				4	5	6	8	10	12	14	16	20	25	
				f_z/(mm/z)										
P1	乳化液/喷雾/空冷	0.10	2.0	0.034	0.044	0.050	0.070	0.085	0.10	0.12	0.13	0.15	0.17	175(130~225)
P2	乳化液/喷雾/空冷	0.10	2.0	0.036	0.044	0.055	0.070	0.090	0.10	0.12	0.15	0.15	0.17	170(125~215)
P3	乳化液/喷雾/空冷	0.10	2.0	0.034	0.042	0.050	0.065	0.085	0.10	0.11	0.12	0.14	0.16	175(115~235)
P4	乳化液/喷雾/空冷	0.10	2.0	0.032	0.040	0.048	0.065	0.080	0.095	0.11	0.12	0.14	0.16	155(105~210)

1）最大切削宽度 a_e 为 0.1 倍的刀具直径。

2）切削深度 a_p 为 2 倍刀具直径。

3）每齿进给量 f_z 可达到最大约 0.48mm。

4）切削速度 v_c 范围在 105~210m/min（特定加工环境下，最大可到 225m/min）。

通过上述参数，再根据实际的加工轮廓，编排好加工工艺，计算好编程参数。

另外，对加工此部位来说，刀具安装尽可能不要过长，过长会直接影响刀具刚度。加工精度。对于所提供刀具的切削刃，不能满足一次完成整个侧面的加工（按照推荐参数最大切削深度为 12mm），在进行 20mm 高度加工时，最好做到深度均分，保证两次深度切削量一致，即 20mm/2 = 10mm（每层深），工件对边加工同理。

2. 圆角位置加工

圆角位置加工如图 3.2-11 所示，根据刀具直径选大不选小的原则，结合圆弧加工时与实际尺寸的干涉计算，利用球头铣刀进行圆角面加工，选用多大直径的球头铣刀最合适是当前应考虑的问题。

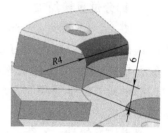

图 3.2-11 圆角位置加工

如图 3.2-12 所示，刀具在圆弧下限位置切点重合，刀尖距地面不能干涉。由图 3.2-12 可知，小的刀具留下的残留较多，大的刀具留下的残留较小，因此，大直径刀具加工的圆弧步距少于小直径刀具加工的，并且表面质量更优。结合提供刀具情况利用 ϕ8mm 球刀铣刀进行圆角加工。

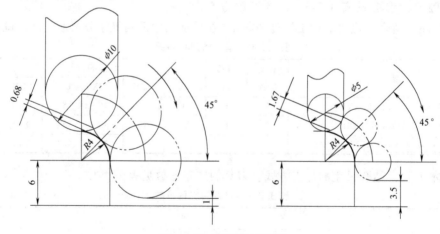

图 3.2-12 圆弧加工问题

赛件在加工时的变形也是需要考虑的问题，高效而又稳定地去除大余量，加工方式的选择尤为重要。采用先进的加工方式是在此赛中争取时间的关键。当然，注重刀具的参数应用也是提升加工效率和加工质量的重要因素。

项目三

第七届全国数控技能大赛数控铣工
学生组赛题解析

本项目以第七届全国数控技能大赛数控铣工学生组决赛赛题为指导，通过认知数控铣削刀具与学习应用技术，选手应进一步掌握数控铣削刀具的工艺知识与选用能力，并更好地完成大赛中常用刀具选用任务。

【学习目标】 >>>

1. 掌握数控铣削刀具的基本分类与常识。
2. 掌握数控铣削刀具的选用方法。
3. 了解数控铣削刀具应用中的一些注意事项。
4. 了解异形薄壁类零件数控铣削加工工艺路线的制订原则。

【能力目标】 >>>

通过学习本项目，选手应从专业角度明确数控铣削刀具的分类与使用常识，能够解决数控铣削加工中的刀具选用问题，在使用数控铣削刀具时具备刀具选用及应用能力。

任务 1　赛 题 分 析

【任务描述】 >>>

1. 赛件装配图及赛件零件图的识读。
2. 能够根据图样要求分析出加工难点。
3. 能够根据分析出的加工难点制订初步解决方案。

【学习内容】 >>>

本赛题是第七届全国数控技能大赛数控铣工学生组赛题，装配模型如图 3.3-1 所示，工件 2（铝件）模型如图 3.3-2 所示，零件图如图 3.3-3 所示，刀具及辅件清单见表 3.3-1。加工件数为两件，采用不同的材料，一件为 45 钢，另一件为 2A12。该题考验选手对不同材料加工的快速适应能力、刀具应用能力、工艺处理能力以及加工性能的理解能力。

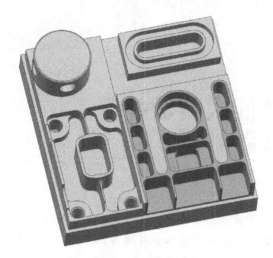

图 3.3-1 装配模型

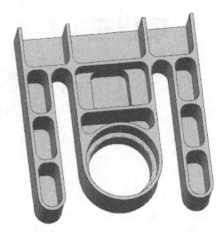

图 3.3-2 工件 2（铝件）模型

表 3.3-1 刀具及辅件清单

序号	名称及规格	数量	备注
1	毛坯	2 个	现场发放
2	NC 中心钻：ϕ10mm，90°，钢铝通用	1 个	山高提供
3	铝用粗铣刀：ϕ8mm JS412080D2SZ2.0	1 把	山高提供
4	铝用粗铣刀：ϕ12mm JS412120D2SZ2.0	1 把	山高提供
5	钢用粗铣刀：ϕ6mm JHP951060D2R050.0Z4-SIRA	1 把	山高提供
6	钢用粗铣刀：ϕ10mm JHP951100E2R050.024-SIRA	1 把	山高提供
7	通用精铣刀：ϕ6mm JS520060D2C.0Z5-NXT	1 把	山高提供
8	通用精铣刀：ϕ10mm JS520100D2C.0Z6-NXT	1 把	山高提供
9	倒角刀：ϕ10mm，90°，钢铝通用	1 把	山高提供
10	内螺纹铣刀：R396.19-2522.3S-4003-3AM 刀片：396.19-4003.0N1.5ISO，H15 铝用 刀片：396.19-4003.0N1.5ISO，F30M 钢用	1 套	山高提供
11	外螺纹铣刀：R396.19-2522.3S-4003-3AM 刀片：396.19-4003.0E1.5ISO，F30M 通用	1 套	山高提供
12	镗铣刀：M4012514+A78020+A72520 镗径 ϕ30～ϕ40mm 刀片：CCGT060202，03G3 通用刀片	1 套	山高提供
13	方肩铣刀：ϕ50mm R220.69-0050-10-5A 刀片：XOEX10T308FR-E05，H15 铝用 刀片：XOMX10T308TR-M09，MP2500 钢用	1 套	山高提供
14	方肩铣刀 ϕ20mm R217.69-2020.0-10-3A 刀片：XOEX10T308FR-E05，H15 铝用 刀片：XOMX10T308TR-M09，MP2500 钢用	1 套	山高提供
15	球头铣刀：ϕ8mm，钢铝通用	1 把	山高提供

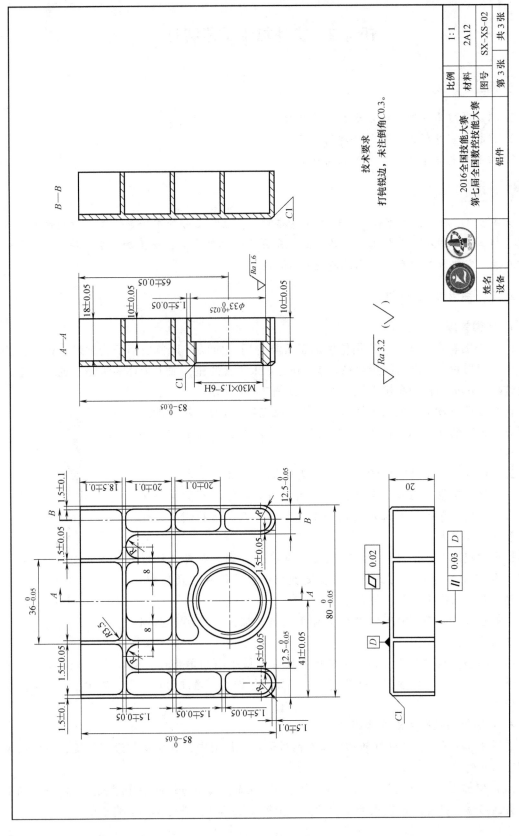

图 3.3-3　零件图

任务 2 赛件加工工艺制订

【任务描述】 >>>

1. 根据赛件零件图样要求进行工艺分析。
2. 根据工艺分析内容制订合理的工艺方案。
3. 按照工艺方案进行程序编制及加工。

【学习内容】 >>>

如图 3.3-3 所示，本赛件的材料去除量非常大，结构上含外围轮廓、半开放轮廓及封闭轮廓，加工应采用粗、精加工分开的方式，充分去除工件应力，避免加工后工件变形，影响尺寸精度，零件加工变形问题在此不进行深入探讨。

2.1 铝件加工探讨

1. 外围轮廓

（1）外围轮廓粗加工　外围轮廓加工刀具选用方面以刀具半径小于轮廓最小内圆角为宜，结合图样轮廓标定内圆角半径为 5.25mm（未包含公差，加工半径参考公差进行调整），最优选择 ϕ8mm 的铝用粗铣刀进行加工，如图 3.3-4 所示。

所用刀具为 ϕ8mm 铝用粗铣刀。刃长建议选择 20mm。轮廓加工进刀方式为轮廓外围切向进刀。加工方式为沿轮廓逐层加工或利用动态铣削。

刀具选择齿数相对较少的类型，作为粗加工刀具，追求以最短时间去除最大余量，刀具齿数少，容屑槽相对有足够的空间，便于切屑顺畅排出。在此推荐选用两齿粗加工刀具，刀具齿数越少，相对容屑槽空间越大。

结合确定加工直径刀具，对粗加工刀具进行查询，刀具工作最大刃长为 16mm，在加工方式选择方面要充分结合零件深度及轮廓，配合制订有效的加工工艺，合理选择。

图 3.3-4　铝用粗铣刀

例如选择 JS412080D2SZ2.0 作为加工刀具，加工时每层可达到 1~1.2 倍的刀具直径。

（2）外围轮廓精加工　精加工同样考虑加工最小内圆角半径，同样优选 ϕ6mm 通用精铣刀进行加工。刀具齿数应选择两齿以上刀具进行加工，增加刀具强度，减少变形，提高加工质量。

2. 外围轮廓及开放槽位置组合加工

如图 3.3-5 所示，三处开放槽位置有两处薄壁，加工中三处应均匀逐层加工，避免出现薄壁变形问题。

（1）粗加工及刀具选定　结合内圆尺寸 R3.5mm，选用 ϕ6mm 铝用粗铣刀，但是从加工效率方面考虑，推荐此位置粗加工参考上一步粗加工刀具，进行同步余量去除。

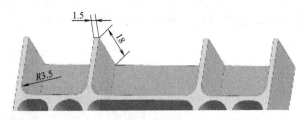

图 3.3-5　开放槽加工

考虑工艺性，轮廓加工应配合三处开放位置，共同完成粗加工及后续精加工。外围轮廓深度和三处开放槽深度由加工工艺区域选定解决，即先用 ϕ8mm 铝用粗铣刀进行两处轮廓粗加工，深度参考三处开放槽深度，再利用同样加工参数进行外围轮廓深度加工。

（2）精加工及刀具选定　结合上步粗加工，考虑薄壁加工工艺要求，首选利用精加工刀具逐层深度加工，减少薄壁变形，在此选用 ϕ6mm 通用精铣刀进行外围轮廓及三处开放槽位置同步加工。

精加工时选定相对齿数较多的刀具，提升精加工效率。

精加工应充分发挥刀具的实际切削性能，如利用高性能整体硬质合金立铣刀，通常精加工时的切削速度 v_c 可达 400~500m/min，高速加工的方式能减少薄壁变形，也能同时保证效率和精度。

3. 封闭型腔

图 3.3-6 所示为封闭型腔加工，应该对刀具性能进行深入的了解，才能真正发挥出刀具应有的加工效能。若在应用刀具参数时，为了盲目追求高效而采用超出刀具本身性能的参数，则势必无法达到预期的效果。

根据加工工艺，型腔加工的进刀方式有多种选择，如垂直、螺旋和斜向等，这些方式均可以实现深度进刀。然而，对于封闭轮廓的垂直下刀方式，容易出现切屑缠绕的现象，影响加工表面质量。若切削参数不合理，则还容易出现断刀的现象，所以此方式应用较少。

型腔加工刀具一般有两种齿数规格，即两齿立铣刀和三齿立铣刀，底刃为过中心形式，刀具中心具有切削能力，两种齿数规格如图 3.3-7 所示。

图 3.3-6　封闭型腔加工

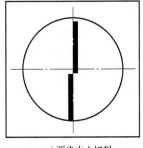

a) 两齿中心切削

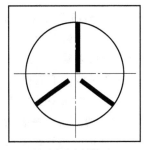

b) 三齿中心切削

图 3.3-7　两种齿数规格

通常在深度下刀方式中，两齿刀具斜向下刀可实现角度≤30°；三齿刀具斜向下刀可实现角度≤10°，斜向下刀如图 3.3-8 所示。

在利用螺旋下刀的方式中，两齿和三齿刀具通常可实现每圈切削深度为刀具直径10%以内，最小加工孔径为刀具直径的130%，螺旋下刀如图3.3-9所示。

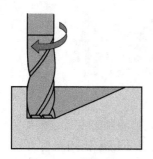

图3.3-8 斜向下刀

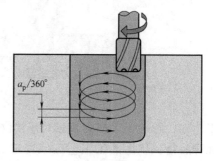

图3.3-9 螺旋下刀

下刀深度应根据实际型腔轮廓尺寸确定。下刀时，采用深度分层加工方式还是采用深层动态铣削加工方式，也应根据被加工型腔轮廓尺寸确定。

2.2 钢件加工探讨

图3.3-10所示为工件1（钢件），图3.3-11所示为工件1加工区域。

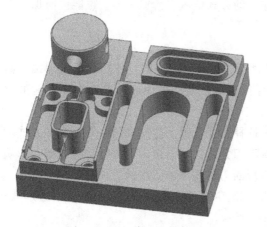

图3.3-10 工件1（钢件）

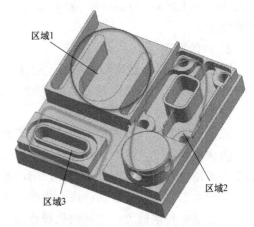

图3.3-11 工件1加工区域

1. 粗加工方式工艺探讨

工件1材料为45钢，属于切削性能较好的材料，也是全国数控技能大赛常用材料。结合模型可以看出，该件主要围绕一个面进行加工，材料去除量较大，大致可以将工件分为三大加工区域。下面将结合三大区域进行综合加工工艺探讨。工序流程卡见表3.3-2。

上述粗加工是按将整体轮廓进行分层，再分区域的方式进行的。

2. 精加工工艺探讨

（1）平面位置精加工 以层、区域结合的形式进行精加工，保证各位置深度要求。图3.3-12所示为平面精加工顺序位置示意。

采用此种工艺方式进行各平面精加工是利用同一刀具进行的，便于各处深度尺寸的控制，能节省更换刀具的时间。

（2）区域轮廓精加工 针对单独区域的精加工，刀具选用建议统一进行规划，减少更换

表 3.3-2　工序流程卡

步骤号	步骤工艺说明	加工工艺步骤示意
1	如右图所示,圆台位置与整体加工区域的最高面位置之间的高度为 15mm。首先进行整体的粗加工,刀具选用 φ50mm 方肩铣刀进行铣削 　结合右图中刀具路径规划,刀具直径利用率达到 80% 时(切宽 40mm),分四次可以完成正面的覆盖加工。建议在利用方肩铣刀进行开放型台面递进加工时,最大切宽占刀具直径的 60%~80%	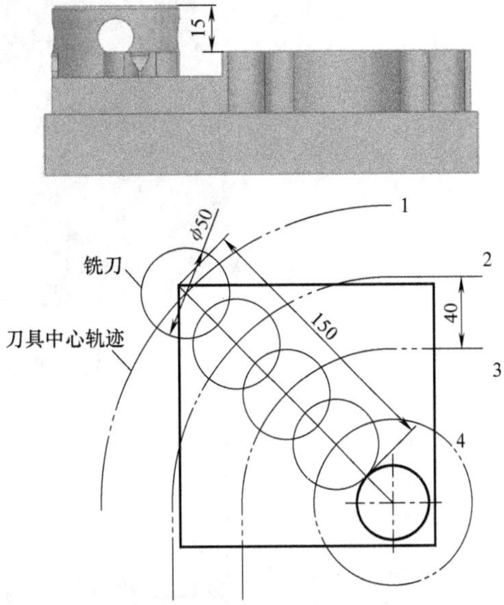
2	三大加工区域外轮廓在统一深度位置,以统一深度基准面进行整体轮廓的粗加工。加工方式建议采用动态铣削的方式,刀具半径小于加工轮廓最小圆弧半径	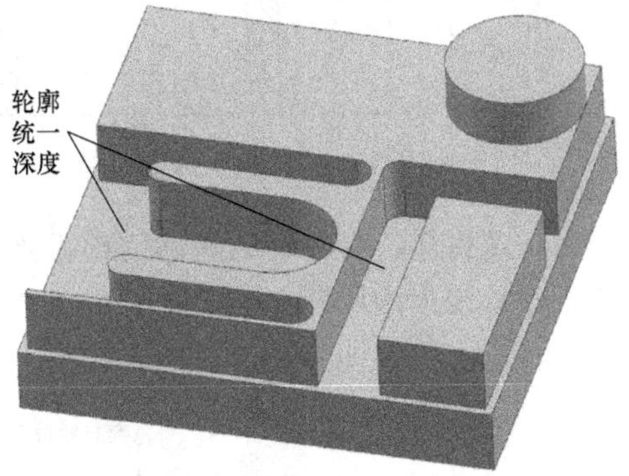
3	统一轮廓粗加工后,顺序进行区域的粗加工,选用加工刀具应进行统一规划选择 　对于封闭轮廓,采用螺旋下刀或斜向下刀。右图位置 2 所示槽宽尺寸所限,因此采用斜向进刀的方式	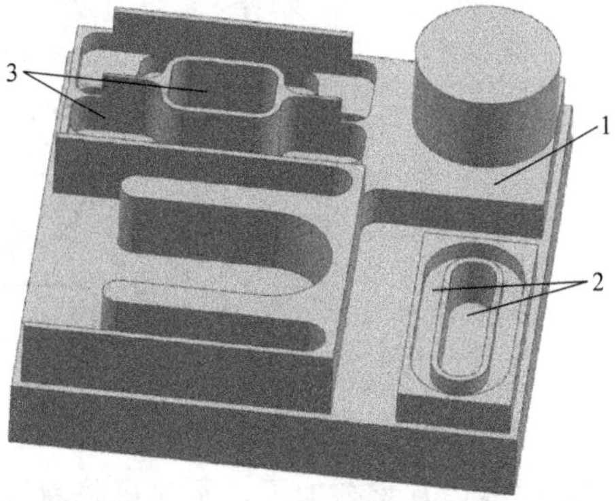

多把刀具的时间, 便于控制加工尺寸; 另一方面也要结合加工轮廓的特点, 合理进行加工轮廓的确定, 利于加工有局部薄壁形状的零件, 要考虑加工过程中的变形问题。针对薄壁形状的加工, 不建议采用整体侧刃精加工策略, 否则容易出现如图 3.3-13 所示的薄壁轮廓"上大下小"的问题。

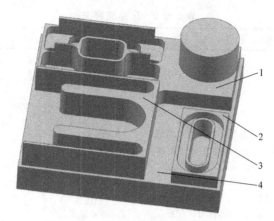

图 3.3-12　平面精加工顺序位置示意

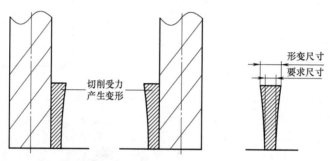

图 3.3-13　薄壁轮廓 "上大下小"

作为工艺探讨，赛件中的局部位置需要建立单独轮廓，采用逐层下切的方式进行加工，避免出现薄壁变形的问题，但此种方式会影响实际加工效率。图 3.3-14 所示为局部位置轮廓加工。

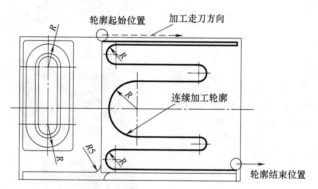

图 3.3-14　局部位置轮廓加工

针对局部位置轮廓加工，不建议将单独薄壁局部位置单独处理，结合上图的形状保证轮廓侧壁减少接刀痕，从而提高加工质量。另外，本赛件还需与工件 2 进行配合，为了更好地控制配合尺寸精度，轮廓在加工中也应统一进行。

本赛件的加工工艺方式多种多样，选择的原则是尽可能减少刀具更换，合理确定加工工艺方案，采用高效的加工工艺进行粗加工并为后续精加工留出足够的时间。

项目四

第八届全国数控技能大赛加工中心操作
工职工/教师组赛题解析

本项目以第八届全国数控技能大赛加工中心操作工职工组和教师组决赛赛题为案例，通过对数控铣削刀具的认知与应用技术的学习，掌握数控铣削刀具在多轴加工中的工艺知识与选用方法，了解多轴加工工艺路线，并最终完成大赛中常用刀具选用任务。

【学习目标】 ≫≫

1. 掌握数控铣削刀具的基本分类与常识。
2. 掌握数控铣削刀具的选用方法。
3. 了解数控铣削刀具应用中的一些注意事项。
4. 了解数控铣削技术中多轴加工工艺路线的安排。

【能力目标】 ≫≫

能够从专业角度明确数控铣削刀具的分类与使用常识，能够解决数控铣削加工中多轴加工的刀具选用问题，在使用数控铣削刀具时具备刀具的选用及应用能力。

任务1 加 工 准 备

【任务描述】 ≫≫

1. 赛件装配图及零件图的识读。
2. 能够根据赛题选用对应的加工设备，制订合理的加工工艺。
3. 能够根据赛题准备好工具、量具、刀具和其他工具。

【学习内容】 ≫≫

1.1 赛题及要求

1. 赛题图样

赛题图样如图 3.4-1~图 3.4-6 所示，毛坯图如图 3.4-7~图 3.4-9 所示。其中根据实际比赛的技术要求，需要现场加工的赛件为"基体""陀螺"和"顶部挡块"，其余为选手自带件。

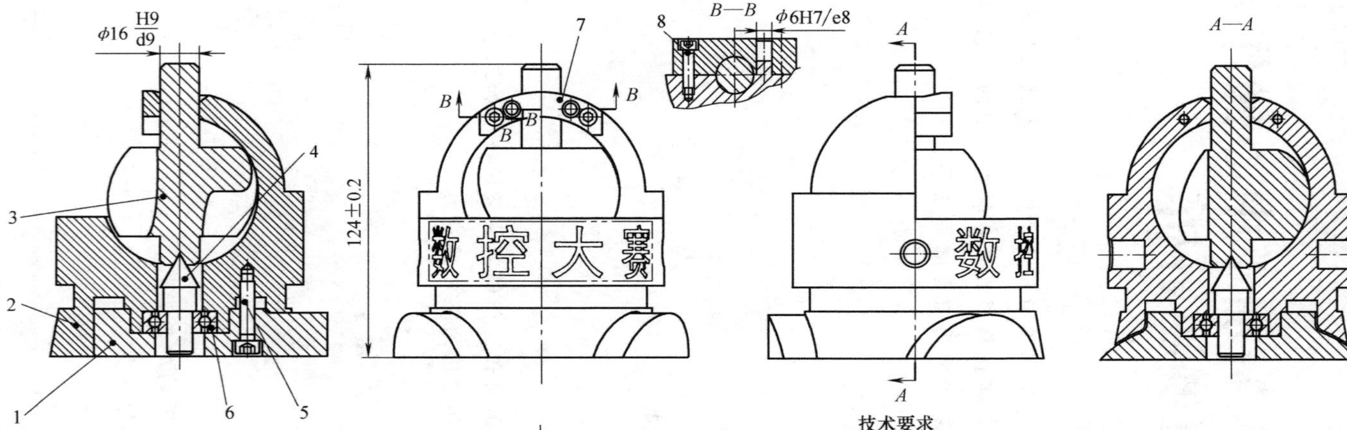

技术要求

1. 顶部挡块与基体装配后，顶部接合边应光顺平滑。
2. 全部装配后，手捻陀螺应能够顺畅旋转。
3. 选手装配时整体上交，无法装配的上交散件。
4. 不得野蛮装配，如果检测人员无法拆卸，则相关尺寸按未加工计分。

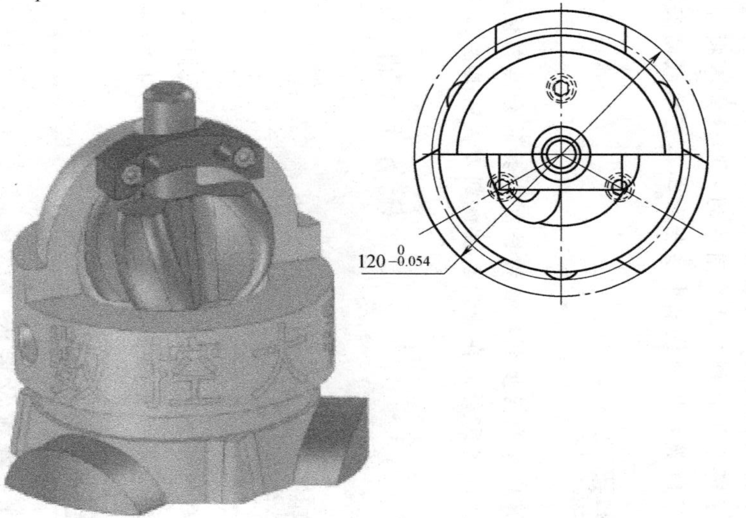

序号	代号	名称	规格	数量	材料	备注
8	GB/T70.1—2008	内六角圆柱头螺钉	M4×16	2	铜/不锈钢/有色金属	现场加工
7	5X-Z-01-05	顶部挡块	50×18×18	1	2A12	选手自带
6	GB/T 276—2013	深沟球轴承	6200 02系列	2	铜/不锈钢/有色金属	选手自带
5	GB/T70.1—2008	内六角圆柱头螺钉	M6×25	1	06Cr19Ni10	现场加工
4	5X-Z-01-04	顶尖	φ16×43	1	H65	选手自带
3	5X-Z-01-03	陀螺	φ64×80	1	2A12	现场加工
2	5X-Z-01-02	基体	φ105×112.5	1	2A12	选手自带
1	5X-Z-01-01	后盖	φ120×20	1		

	2018年中国技能大赛 第八届全国数控技能大赛	比例	1:1.5		
		材料	2A12		
	加工中心操作工(多轴联动加工技术) 陀螺仪芯部件装配图	图号	5X-Z-01-00		
		第1张	共6张		
姓名					
设备					

图 3.4-1 装配图

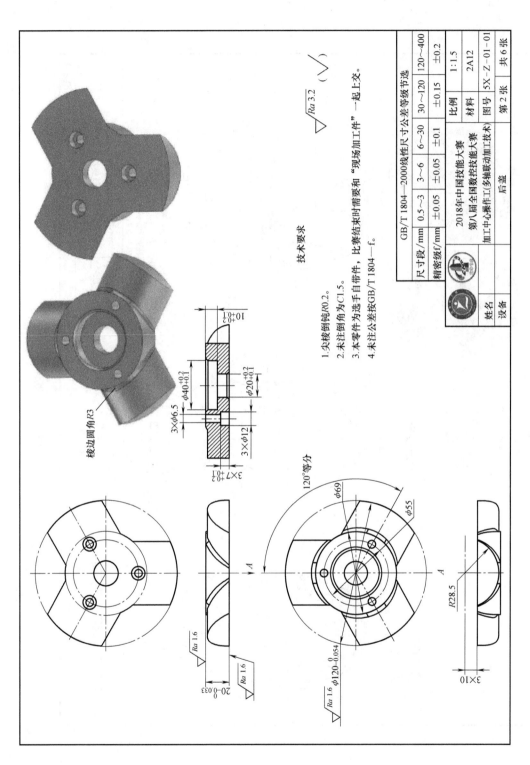

技术要求
1. 尖棱倒钝R0.2。
2. 未注倒角为C1.5。
3. 本零件为选手自带件，比赛结束时需要和"现场加工件"一起上交。
4. 未注公差按GB/T 1804—f。

GB/T 1804—2000线性尺寸公差等级节选						
尺寸段/mm	0.5~3	3~6	6~30	30~120	120~400	
精密级f/mm	±0.05	±0.05	±0.1	±0.15	±0.2	

2018年中国技能大赛 第八届全国数控技能大赛		
加工中心操作工（多轴联动加工技术）		
	比例	1:1.5
	材料	2A12
姓名		
设备	后盖	图号 5X-Z-01-01 第2张 共6张

$\sqrt{Ra\ 3.2}$ （ √ ）

图 3.4-2 后盖（选手自带件）

111

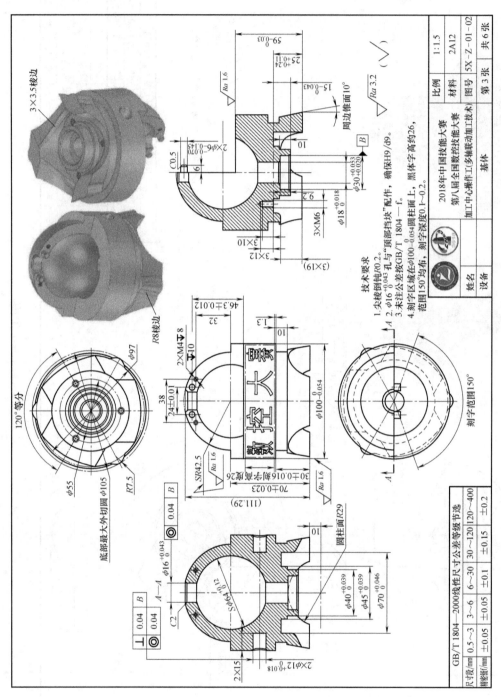

图 3.4-3　基体

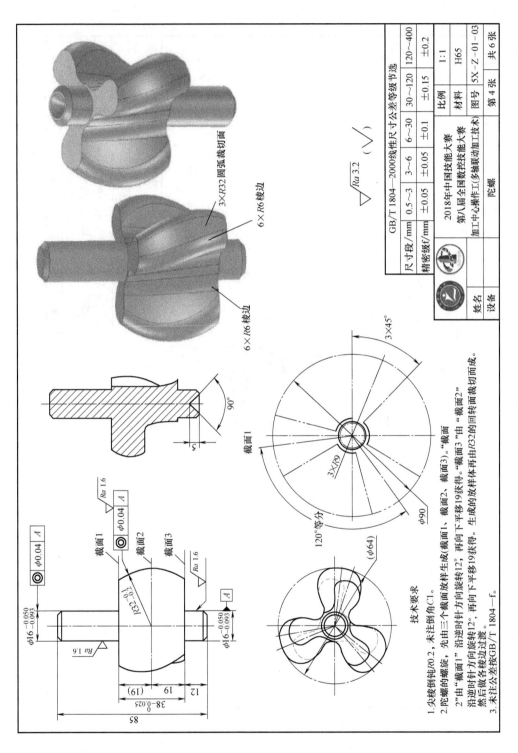

GB/T 1804—2000线性尺寸公差等级节选						1:1		H65
尺寸段/mm	0.5~3	3~6	6~30	30~120	120~400	比例	材料	
精密级f/mm	±0.05	±0.05	±0.1	±0.15	±0.2	图号 5X-Z-01-03		

2018年中国技能大赛		
第八届全国数控技能大赛	陀螺	第4张　共6张
加工中心操作工(多轴联动加工技术)		

姓名	
设备	

$\sqrt{Ra\,3.2}$ ($\sqrt{}$)

图 3.4.4　陀螺

技术要求

1. 尖棱倒钝R0.2，未注倒角C1。
2. 陀螺的螺旋，先由三个截面放样生成(截面1、截面2、截面3)。"截面2"由"截面1"沿逆时针方向旋转12°，再向下平移19获得。"截面3"由"截面2"沿逆时针方向旋转12°，再向下平移19获得。生成的放样体再由R32的回转面裁切面而成。
3. 未注公差按GB/T 1804—f。

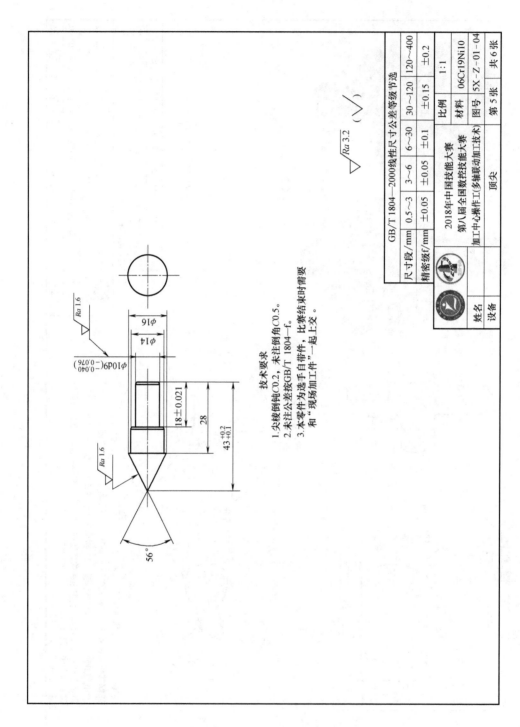

技术要求

1. 尖棱倒钝C0.2，未注倒角C0.5。
2. 未注公差按GB/T 1804—f。
3. 本零件为选手自带件，比赛结束时需要和"现场加工件"一起上交。

GB/T 1804—2000线性尺寸公差等级节选						
尺寸段/mm	0.5~3	3~6	6~30	30~120	120~400	
精密级f/mm	±0.05	±0.05	±0.1	±0.15	±0.2	

	2018年中国技能大赛		
	第八届全国数控技能大赛		
	加工中心操作工(多轴联动加工技术)		
		比例	1:1
		材料	06Cr19Ni10
	顶尖	图号	5X－Z－01－04
姓名		第5张	共6张
设备			

$\sqrt{Ra\ 3.2}$ ($\sqrt{}$)

图 3.4-5 顶尖（选手自带件）

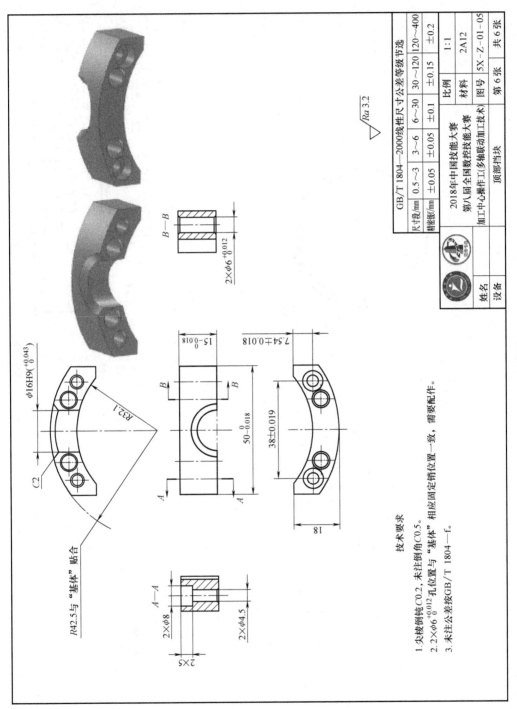

$\sqrt{Ra\ 3.2}$

GB/T 1804—2000线性尺寸公差等级节选					
尺寸段/mm	0.5～3	3～6	6～30	30～120	120～400
精密级/mm	±0.05	±0.05	±0.1	±0.15	±0.2

2018年中国技能大赛 第八届全国数控技能大赛		比例	1:1	
加工中心操作工(多轴联动加工技术)		材料	2A12	
		图号	5X-Z-01-05	
姓名	顶部挡块	第6张	共6张	
设备				

技术要求

1. 尖棱倒钝C0.2,未注倒角C0.5。
2. $2\times\phi6_{\ 0}^{+0.012}$孔位置与"基体"相应固定销位置一致,需要配作。
3. 未注公差按GB/T 1804—f。

图 3.4-6 顶部挡块

$B-B$

$2\times\phi6_{\ 0}^{+0.012}$

$\phi16H9(_{\ 0}^{+0.043})$

R32.1

C2

$R42.5$与"基体"贴合

$A-A$

$2\times\phi8$

$2\times\phi4.5$

2×5

$15_{-0.018}^{\ 0}$

7.54 ± 0.018

$50_{-0.018}^{\ 0}$

38 ± 0.019

18

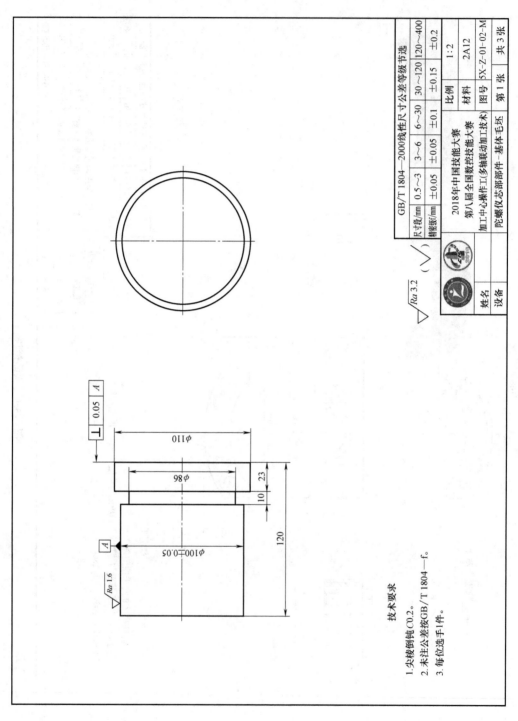

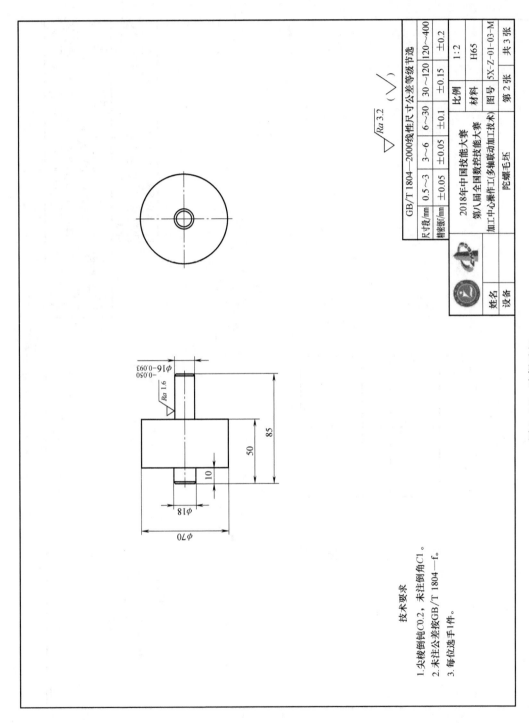

图 3.4-8　陀螺毛坯

GB/T 1804—2000线性尺寸公差等级节选						
尺寸段/mm	0.5～3	3～6	6～30	30～120	120～400	
精密级f/mm	±0.05	±0.05	±0.1	±0.15	±0.2	

2018年中国技能大赛		比例	1:2
第八届全国数控技能大赛		材料	H65
加工中心操作工(多轴联动加工技术)		图号	5X-Z-01-03-M
陀螺毛坯		第 2 张	共 3 张

| 姓名 | |
| 设备 | |

技术要求
1. 尖棱倒钝C0.2，未注倒角C1。
2. 未注公差按GB/T 1804 — f。
3. 每位选手1件。

$\sqrt{Ra\ 3.2}\ (\sqrt{\ })$

$\sqrt{Ra\ 1.6}$

$\phi 16^{-0.050}_{-0.093}$

$\phi 18$

10

50

85

$\phi 70$

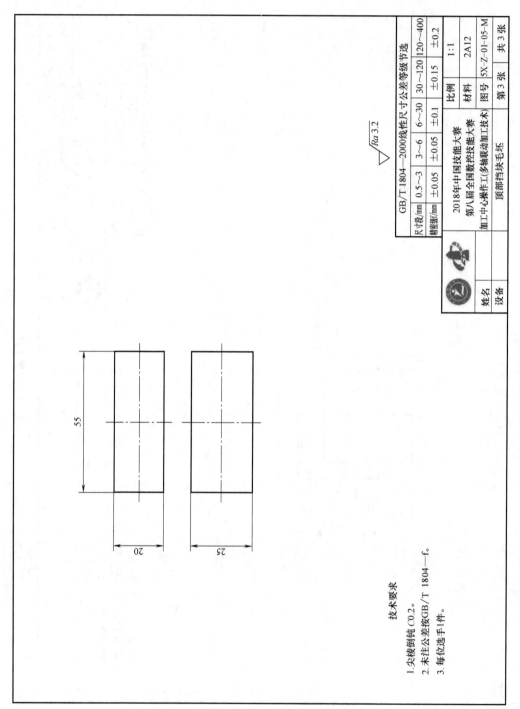

技术要求
1. 尖棱倒钝 C0.2。
2. 未注公差按GB/T 1804—f。
3. 每位选手1件。

GB/T 1804—2000线性尺寸公差等级节选						
尺寸段/mm	0.5~3	3~6	6~30	30~120	120~400	
镶缩级/mm	±0.05	±0.05	±0.1	±0.15	±0.2	

$\sqrt{Ra\,3.2}$

2018年中国技能大赛	比例	1:1	
第八届全国数控技能大赛	材料	2A12	
加工中心操作工(多轴联动加工技术)	图号	5X-Z-01-05-M	
顶部挡块毛坯	第3张	共3张	
姓名			
设备			

图 3.4-9　顶部挡块毛坯

2. 图样要求

（1）毛坯尺寸 毛坯为精加工毛坯（已将赛件的非考核部分加工完成），具体参考毛坯图样（图3.4-7～图3.4-9）。

（2）赛件材料 后盖、基体和顶部挡块为2A12，陀螺为H65。

（3）加工时间 360min（含编程与程序手动输入时间）。

3. 工具、量具、刀具清单

（1）刀具清单 本赛题决赛刀具由赛场提供，刀具清单见表3.4-1。

表3.4-1 刀具清单

序号	刀具名称、规格/mm	数量/把	备注
1	铝用立铣刀, $\phi6$	1	山高提供
2	铝用立铣刀, $\phi8$	1	山高提供
3	铝用立铣刀, $\phi12$	1	山高提供
4	铝用平刃铣刀, $\phi6$	1	山高提供
5	加长铝用铣刀, $\phi12$,切深60,全长115	1	山高提供
6	铝用球头铣刀, $\phi12$	1	山高提供
7	钢铝通用粗铣刀, $\phi12$	1	山高提供
8	钢铝通用精铣刀, $\phi12$	1	山高提供
9	钢铝通用球头铣刀, $\phi12$	1	山高提供
10	钢铝通用球头铣刀, $\phi8$	1	山高提供
11	雕刻刀,夹持部分 $\phi4$,刀尖 $R0.1$	1	山高提供
12	方肩铣刀, $\phi20$,配铝、钢刀片	1	山高提供
13	面铣刀, $\phi50$,配铝、钢刀片	1	山高提供
14	90° NC 中心钻, $\phi10$	1	山高提供
15	钻头:选手根据样题自定,限 $\phi14$ 以下	不限	选手自带
16	铰刀:选手根据样题自定,限 $\phi14$ 以下	不限	选手自带
17	丝锥:选手根据样题自定,限 $\phi14$ 以下	不限	选手自带

（2）工具和量具清单 选手自带的工具、量具和辅具等应严格按竞赛规程要求执行。

1.2 赛题分析

1. 命题思路分析

该赛件主要考查参赛选手数控加工工艺应变能力、编程方法策略、有效使用刀具能力等。赛题内容参照国家职业技能标准要求，包括轮廓加工和孔加工、螺纹加工、曲面加工和典型扇叶体加工等多轴常见加工要素，基本包括了《国家职业技能标准》规定的操作技能要求。

赛题采用2A12及H65两种材料，2A12为常见加工材料，H65为不常见加工材料，针对不同的加工材料合理选用加工参数。

2. 图样分析

该赛件由五个零件组成，基体部件为主体零件，加工要素相对较多，需要进行合理的加工工艺分析，确定加工步骤，合理利用自带加工件与被加工件配合加工，充分利用和发挥刀具空间优势，完成赛件加工；另一方面，要充分熟悉软件的加工策略，合理加以利用。

陀螺是整体加工部件中另一个典型的多轴加工零件，选手可利用的加工方法很多，如何合理选用加工方法尤为重要，因为该件材料的特殊性会对加工效率有所制约。

3. 工艺路线分析

（1）基体 根据自带件特点，结合现场提供的装夹工具，首先完成与自带件配合的部分，与自带件相互配合后，以自带件为基准进行装夹，继续后续部分的加工，直至完成整个赛件的加工。

（2）陀螺 利用自定心卡盘装夹定位加工，根据所提供的加工刀具，在工艺方面合理进行粗、精加工安排；后续还将对沿着陀螺形状主趋向进行粗/精加工和沿着旋转轴心进行粗/精加工的两种加工策略进行深入探讨。

任务2　基体加工工艺制订

【任务描述】 》》》

1. 根据赛件图样要求进行试题工艺分析。
2. 制订分布工艺方案。
3. 分步完成程序编制及加工，达到图样要求。

【学习内容】 》》》

2.1 赛题说明

本题是第八届全国数控技能大赛加工中心操作工（多轴联动加工技术）职工组和教师组决赛赛题，利用五轴机床完成多面加工，主要加工部分采用3+2定轴加工方式，球面、底部外轮廓以及底部内轮廓圆角利用五轴联动方式加工，基体模型如图3.4-10所示。

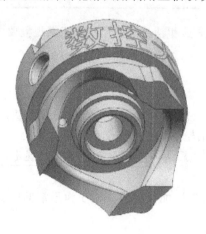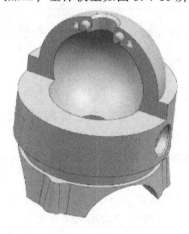

图 3.4-10　基体模型

2.2　基体配合部分加工

1. 步骤要求

1）结合整体装配及自带件的应用来确定加工部位。

2）制订加工工艺方法，选择适合的加工刀具。

3）合理应用加工策略进行加工，完成部分加工程序编制。

4）底部加工至要求尺寸。

2. 加工方案

（1）装夹方案　自定心卡盘。

（2）加工工艺卡片方案　基体加工工序流程卡见表3.4-2，基体加工工艺卡片见表3.4-3。

表 3.4-2　基体加工工序流程卡

工序	工序内容	工序（加工）简图	工序简述
1	粗、精加工内部圆腔及螺纹孔		该部分加工是典型的三轴内部标准型腔加工，刀具选用直柄立铣刀进行粗、精加工，刀具夹持长度略大于轮廓深度 精加工过程中应选择合理的进给速度，速度过快会引起轮廓失真的情况，影响加工表面质量，速度过慢影响竞赛速度。建议轮廓精加工速度控制在 800～1000mm/min
2	外部轮廓的粗、精加工，锥面轮廓的粗、精加工		此处整体轮廓带有角度，所以在加工中利用立铣刀侧刃，采用侧倾多轴方式进行铣削；在刀具选用方面，其刃长应尽量大于加工面的高度，直径应小于加工轮廓圆角半径
3	轴向 120° 均分向心圆弧面加工		三处半圆弧加工位置采用定轴的方式进行轮廓铣削，便于刀具轨迹的完整、连续，建议以半圆轮廓方式进行编程铣削。如果按照三维模型的铣削，可能会出现跳刀或刀具轨迹不连续的情况
4	三处轮廓圆角加工		三处圆角的相对加工受轮廓的尺寸局限，通常类似的轮廓多采用三轴方式，利用球头铣刀进行加工，但是结合实际加工位置尺寸以及提供刀具直径的影响（φ8mm 球头铣刀），会出现已经加工完成的内轮廓底面过切的情况，造成加工损伤，具体尺寸参见图 3.4-11。所以三处圆角加工建议采用直柄立铣刀，利用侧倾多轴加工方式进行加工

（续）

工序	工序内容	工序(加工)简图	工序简述
5	加工找正基准,后续组合加工确定加工赛件方向		该部分简图为后续工艺的示意,加工的目的是能够为组合加工确定角度方向找正基准

表 3.4-3 基体加工工艺卡片

工序号	加工内容	刀具名称、规格/mm	主轴转速/(r/min)	进给速度/(mm/min)	背吃刀量/mm	备注
1	工步 1:底面精铣	面铣刀,$\phi50$	5000	1000	0.5	
	工步 2:内部圆腔粗加工	钢铝通用粗铣刀,$\phi12$	7000~9000	1000~1200	≤5	粗铣
	工步 3:内部圆腔精加工	铝用立铣刀,$\phi12$	7000~9000	800~1000	轮廓深度	精加工
	工步 4:轮廓倒角	90° NC 中心钻 $\phi10$	8000~10000	800~1000	倒角深度	
2	工步 1:螺纹底孔加工	$\phi5$ 钻头	3000	300	有效深度	
	工步 2:螺纹加工	M6 丝锥	300	与螺距匹配	有效深度	
3	工步 1:外轮廓粗加工	钢铝通用粗铣刀,$\phi12$	7000~9000	1000~1200	≤5	粗铣
	工步 2:精加工外轮廓	铝用立铣刀,$\phi12$	8000~10000	800~1000	轮廓深度	
4	工步 1:轴 120°均分向心圆弧面粗加工	钢铝通用粗铣刀,$\phi12$	8000~10000	1000~1200	≤5	
	工步 2:轴 120°均分向心圆弧面精加工	铝用立铣刀,$\phi12$	8000~10000	800~1000	轮廓深度	
5	内轮廓圆角	铝用立铣刀,$\phi6$	9000~11000	800~1000	≤1	
6	找正基准加工	铝用立铣刀,$\phi12$	8000~10000	800~1000	≤5	

3. 加工技术难点分析

结合该赛件的形状特点,主要采用定轴 3+2 的方式完成加工,外轮廓利用多轴联动侧铣加工方式实现,轮廓精加工中要充分利用刀具切削刃的有效长度,一次将整个加工面加工完成,以避免因接刀影响加工效果。

加工部分难点在于内部轮廓圆弧部位圆角的加工,如图 3.4-11 所示。在进行此类圆角加工时,一般首选球头铣刀。结合图样尺寸,比赛提供的最小规格球头铣刀(钢铝通用球头铣刀 $\phi8mm$)不能实现该部分的加工,因此必须改变加工策略,可以利用直柄立铣刀进行圆角加工,利用五轴加工曲面。

另外要注意的是，该部分加工完成后，一定要加工出后续的找正基准面，为后续加工再次装夹确定方向。

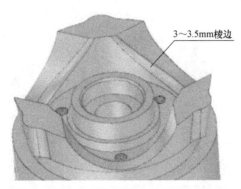

3~3.5mm棱边

图 3.4-11　内部轮廓圆弧部位圆角的加工

任务3　陀螺加工工艺制订

【任务描述】

1. 结合轮廓形状制订加工方案。
2. 根据制订方案确定加工工艺，选择加工刀具。
3. 选择加工策略，编制加工程序。
4. 完成整体加工。

【学习内容】

3.1　赛件说明

该赛件是向心球面形状陀螺，仅需要在给定毛坯上完成陀螺形面以及端头支承孔的加工，陀螺模型如图 3.4-12 所示。

3.2　整体加工

1. 步骤要求

1）确定工艺方法。

2）选择适合工艺策略，编制加工程序。

3）完成粗、精加工。

2. 加工方案

（1）装夹方案　自定心卡盘。

（2）加工工艺卡片方案　陀螺加工工序流程卡见表 3.4-4，陀螺加工工艺卡片见表 3.4-5。

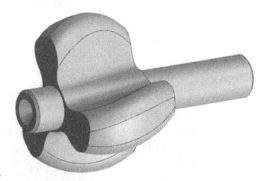

图 3.4-12　陀螺模型

表 3.4-4　陀螺加工工序流程卡

工序	工序内容	工序(加工)简图	工艺简述
1	粗加工方式1： 以轴心为基准，进行逐层形状轮廓粗加工		装夹方式：自定心卡盘装夹，陀螺底面与三爪之间留有安全距离，建议安全距离大于后续精加工球头铣刀半径 　沿拟定粗加工轮廓采用螺旋下切方式进行外部余量去除 　由于夹持刚度较差，建议螺旋层深1mm，螺旋层深较大会造成径向转动及轴向窜动
2	精加工方式1： 刀具指向旋转轴心，以侧倾方式加工完成整体陀螺轮廓面的精加工		采用球头铣刀，以轴向侧倾螺旋方式进行整体陀螺曲面半精加工、精加工 　建议侧倾角度在70°～75°之间，侧倾角度较大时影响切削效率，而过小则会造成球面下凹部分欠切
3	粗加工方式2： 沿形状轮廓趋向方向粗加工		此种加工方式同样可实现球面部分的粗加工，可采用直柄立铣刀进行区域余量去除，但此种加工方式的加工效率低于螺旋下切加工方式 原因在于： 1. 刀路轨迹不连续，空行程相对较多 2. 由于装夹刚性所限，容易出现轴向窜动
4	精加工方式2： 沿陀螺形状轮廓趋向方向进行精加工（分布加工）		此种精加工方式是整体拆分形式，分三个组合加工面单独加工。与精加工方式1相比较，其效率有所提高，但加工面的整体加工精度较差 原因在于： 1. 随着曲面曲率的变化，球头铣刀实际切削部分虽轮廓逐渐变化，但加工线速度也随之变化 2. 在同一步距，在较平坦的加工曲面位置加工表面质量变差 3. 在三处组合面结合处不可避免地产生接刀痕迹

表 3.4-5 陀螺加工工艺卡片

工序号	加工内容	刀具名称、规格/mm	主轴转速/(r/min)	进给速度/(mm/min)	背吃刀量/mm	备注
1	工步1:粗加工陀螺轮廓	方肩铣刀,φ20,配铝或钢铝通用粗铣刀,φ12	3000 4000~6000	600~800 700~900	≤1 ≤2	粗铣
	工步2:精加工陀螺轮廓	钢铝通用球头铣刀,φ8	6000~8000	800~1000	≤0.5	
2	支承定位加工	90° NC 中心钻,φ10	3500	600	指定深度	
3	工步1:沿轮廓粗加工陀螺轮廓(三处)	钢铝通用粗铣刀,φ10	6000~8000	800~1000	≤2	方式2
	工步2:沿陀螺轮廓面精加工	钢铝通用球头铣刀,φ8	7000~9000	800~1000	≤0.5	方式2

3. 加工技术难点分析

结合该赛件的材质情况和赛件的装夹情况,加工过程中的振动不可避免;另外,采用自定心卡盘装夹赛件的方式,旋转自由度并未进行限制,为避免赛件在加工过程中产生旋转位移造成赛件及刀具的损坏,对背吃刀量的选择必然会有一定的限制。

为保证加工效率,在粗加工阶段应尽量采用三轴方式加工;而在保证曲面加工质量的半精加工及精加工阶段,应尽可能采用连续的刀具路径,并加入旋转轴进给,使得加工表面线速度尽可能保持一致。

在加工策略方面,应全面考虑赛件材质特性、装夹方式和刀具的空间利用性,选择有效的策略。

任务4 顶部挡块加工工艺制订

【任务描述】 ≫≫

1. 根据赛件图样要求进行赛题工艺分析。
2. 制订工艺方案。
3. 按照工艺方案编制程序及加工。

【学习内容】 ≫≫

4.1 赛件说明

顶部挡块是该题中的主要赛件,赛件材质为 2A12,顶部挡块模型如图 3.4-13 所示。

4.2 整体加工

1. 步骤要求

1) 整体装配,进行加工部位分析。

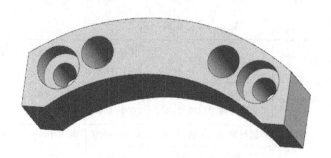

图 3.4-13　顶部挡块模型

2）选定加工工艺策略。

3）根据工艺策略完成加工程序编制。

4）完成制订部位加工。

2．加工方案

（1）装夹方案

1）平口钳装夹方式。

2）利用自定心卡盘夹方式。

（2）加工工艺卡片方案　顶部挡块加工工序流程卡见表 3.4-6，顶部挡块加工工艺卡片见表 3.4-7。

表 3.4-6　顶部挡块加工工序流程卡

工序	工序内容	工序（加工）简图	工艺简述
1	一次装夹完成基面加工及孔加工		只对基准平面、定位销孔和安装孔加工，不加工外围轮廓
2	二次装夹保证总体厚度	15	以上一步加工基准平面为底部平面进行装夹定位，保证整体厚度；外围轮廓待组合加工完成

对于装夹方式，赛场提供平口钳，自定心夹盘，按照通常作法，根据毛坯情况选定平口钳进行装夹，之前几步的"基体""陀螺"都是采用自定心夹盘装夹的方式，在进行该部分加工时需更换为平口钳，按照工艺加工完成后，再次更换回自定心夹盘，整体工装安装调试时间相对较长。在此根据赛件毛坯形状尺寸，结合制订的工艺策略，可以直接使用自定心夹

表 3.4-7　顶部挡块加工工艺卡片

工序号	加工内容	刀具名称、规格/mm	主轴转速/(r/min)	进给速度/(mm/min)	背吃刀量/mm	备注
1	工步 1:基准面加工	ϕ20 面铣刀	4000~6000	1000~1200	≤2	
	工步 2:螺钉孔及配合孔加工	略	略	略	略	
	工步 3:沉头孔铣削	铝用立铣刀,ϕ6	10000~12000	800~1000	15	尽量为轮廓给定方式
2	厚度铣削保证尺寸	ϕ20 面铣刀	4000~6000	1000~1200	≤2	

盘夹持进行加工,如图 3.4-14 所示。

利用自定心夹盘进行装夹定位,可以减少更换夹具的过程,为后续整体组合加工争取出有效的加工时间。

3. 加工技术难点分析

针对技能竞赛,在工艺方面要有摆脱传统工艺思维的探索精神,勇于创新,但不背离工艺原理,例如该赛件的装夹方式,自由度的限制方面和装夹牢固方面都能够满足要求,更能节省更换夹具的时间。

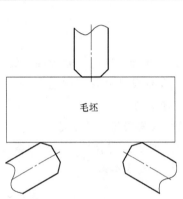

图 3.4-14　装夹示意

任务5　组合体加工工艺制订

【任务描述】 》》》

1. 根据赛件图样要求进行试题工艺分析。
2. 制订分步工艺方案。
3. 分步完成程序编制及加工,达到图样要求。

【学习内容】 》》》

5.1　赛件说明

本任务是对基体和顶部挡块装配组合后的加工,装配组合加工模型如图 3.4-15 所示。

5.2　整体加工

1. 步骤要求

1) 针对工艺方案确定加工步骤。

2) 选择适合的加工刀具。

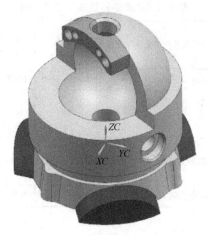

图 3.4-15　装配组合加工模型

3）选择加工策略，完成程序编制。

4）保证尺寸要求，完成加工。

2. 加工方案

（1）装夹方案　自定心卡盘。

（2）加工工艺卡方案　装配组合加工工序流程卡见表 3.4-8，基体、顶部挡块组合加工工艺卡片见表 3.4-9。

表 3.4-8　装配组合加工工序流程卡

工序	工序内容	工序（加工）简图	工艺简述
1	完成外部球体的粗、精加工	粗加工完成效果	选择高效率的铣削刀具进行球面轮廓的整体粗加工，利用三轴加工方式，分层进行铣削粗加工，建议使用 φ50mm 面铣刀进行粗加工
		精加工完成效果	此处精加工可有多种加工方式，可用三轴球头铣刀与直柄立铣刀配合的加工方式进行加工，需要两种刀具的衔接，加工表面质量不易控制。建议利用直柄立铣刀通过多轴曲面加工方式进行精加工 方式详见加工技术难点分析部分

（续）

工序	工序内容	工序(加工)简图	工艺简述
2	台阶部分粗加工		此处粗加工利用三轴方式进行区域铣削分层粗加工,建议利用 $\phi50$ 面铣刀进行加工
3	台阶部分精加工及圆柱加工		此处位置加工采用定轴方式,利用直柄立铣刀采用区域方式进行加工。在尺寸控制方面要考虑顶部挡块的安装配合
4	内球面加工		内球面加工是工艺方面中的难点部分,具体过程分析见加工技术难点分析部分
5	组件和加工顶部挡块及顶部 $\phi16mm$ 孔加工以及基体两侧沉头孔加工		本部分加工关键位置是顶部挡块的配合加工,注意在加工时不要产生基体件的误切。其余位置采用定轴方式完成加工

表 3.4-9 基体、顶部挡块组合加工工艺卡片

工序号	加工内容	刀具名称、规格/mm	主轴转速 /(r/min)	进给速度 /(mm/min)	背吃刀量 /mm	备注
1	工步1:外部球体粗加工	面铣刀,φ50	3500~4500	1500~2000		三轴立铣
	工步2:外部球体精加工	铝用立铣刀,φ12	8000~10000	1000~1200		侧刃变轴方式
2	工步1:台阶部分粗加工	面铣刀,φ50	3500~4500	1500~2000		
	工步2:台阶部分精加工	加长铝用铣刀,φ12,切深60,全长115	6000~8000	1000~1200		
3	螺纹孔加工	φ3.3钻头,M4丝锥	略	略		过程略
4	工步1:内球面粗加工,沿球面45°方向螺旋铣	方肩铣刀,φ20	4500~5500	1000~1200	≤2	
	工步2:内球面半精加工	钢铝通用球头铣刀,φ12	8000~10000	1000~1200	≤2	
	工步3:内球面精加工	钢铝通用球头铣刀,φ12	8000~10000	800~1000	≤1	
5	工步1:顶部挡块组合粗加工	铝用立铣刀,φ12	7000~90000	1000~1200	≤2	
	工步2:顶部挡块组合精加工	铝用立铣刀,φ12	8000~10000	800~1000	≤15	略小于顶部挡块厚度
6	工步1:组合加工顶部φ16mm孔	铝用立铣刀,φ8	8000~10000	1000~1200	≤2	
	工步2:轮廓倒角	钢铝通用球头铣刀,φ8	10000~12000	1000~1200	≤1	
7	工步1:基体两侧沉头孔粗加工(螺旋铣削)	铝用立铣刀,φ8	8000~10000	1000~1200	≤2	
	工步2:基体两侧沉头孔精加工	铝用立铣刀,φ8	9000~11000	800~1000	=台阶深度	
8	基体刻字	雕刻刀	8000~10000	600~800	=0.1	

3. 加工技术难点分析

1)在进行外部球体精加工时,采用传统加工方式即球头铣刀三轴螺旋加工球面,在外部球体底部位置会产生加工残留,需要更换立铣刀进行清角补加工,这种加工方式不仅会使球体表面粗糙度有差别,而且需要更换刀具,造成刀具不连续并增加辅助时间。为避免上述情况出现,推荐采用立铣刀,通过刀轴侧倾的方式,使用侧刃以螺旋下刀方式加工,这样既保证表面切削限速值一致又提高了加工效率。刀轴侧倾示意图如图3.4-16所示。

加工方向建议选择由下而上的方式,螺旋递进完成整个球面的铣削加工。图3.4-16所示刀具在初始加工位置设定侧倾角度小于90°的目的是让刀具侧刃部位与加工球面相切,形成线相切形式,提高加工表面质量。若设定初始加工位置侧倾角度为90°,则在加工过程中刀尖位置与加工圆弧面相接触,加工后相邻刀具之间会出现台阶,影响加工表面质量。在此建议初始加工位置侧倾角度为89°,不宜过大,过大的设定值会出现被加工球面轮廓过切现象。

2)内圆球面采用φ20面铣刀粗加工,采用定轴45°方向粗加工,尽可能地去除多余的余量,定轴45°方向粗加工如图3.4-17所示。

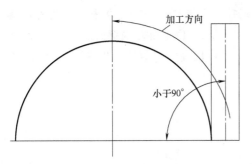
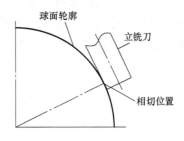

图 3.4-16　刀轴侧倾示意图

3）内球面的精加工是多轴加工方式的充分体现，本部分加工中，前期 CAD 模型球面的绘图方式将直接影响后期 CAM 程序的输出效果，若想达到最佳的表面质量球面则在制图时建议采取如下方式，内球面截面如图 3.4-18 所示。

曲面 CAM 刀具轨迹输出往往是通过曲面参数线为方向参考，因此采用此种曲面画法可以规范刀具方向从而提高曲面加工质量和加工效率。内球面参数线参考如图 3.4-19 所示，内球面示意如图 3.4-20 所示。

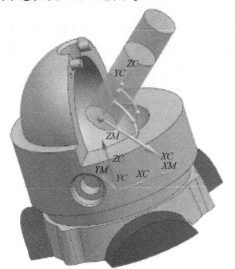

图 3.4-17　定轴 45°方向粗加工

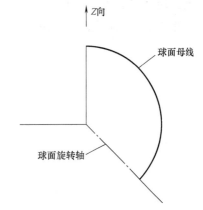

图 3.4-18　内球面截面

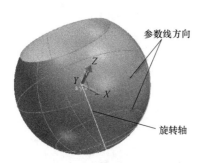

图 3.4-19　内球面参考线示意

图 3.4-20　内球面示意

在精加工内球面时，为保证加工完整性及提高加工效率，可通过软件作出较完整的辅面进行加工,采用刀轴始终通过固定点的方式控制刀轴摆动方向。可利用软件作出相应辅助线找到合理的刀轴通过固定点位置进行控制,保证加工过程刀轴穿过该点加工到全部曲面位置,刀轴通过固定点示意如图 3.4-21 所示。刀具轨迹模拟效果如图 3.4-22 所示。

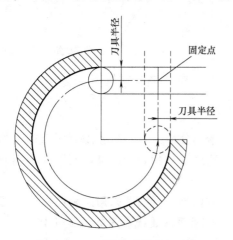

图 3.4-21 刀轴通过固定点示意

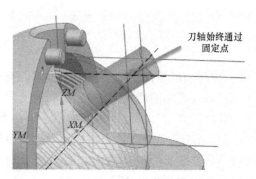

图 3.4-22 刀具轨迹模拟效果

4)组合加工基体与顶部挡块的加工,根据图样分析及技术要求,顶部挡块、顶部圆弧尺寸与基体圆弧尺寸一致;$\phi16mm$ 孔是装配陀螺的工艺孔,所以两件组合加工才能够满足加工要求。加工顶部挡块外形轮廓时,加工深度应略小于挡块厚度,范围建议在 0.05mm,全部加工完成后,手工去除 0.05mm 余量。

附录　全国数控技能大赛资料

附录 A　第八届全国数控技能大赛决赛加工中心操作工学生组真题精选

第八届全国数控技能大赛决赛加工中心操作工学生组真题如图 A-1～图 A-8 所示。

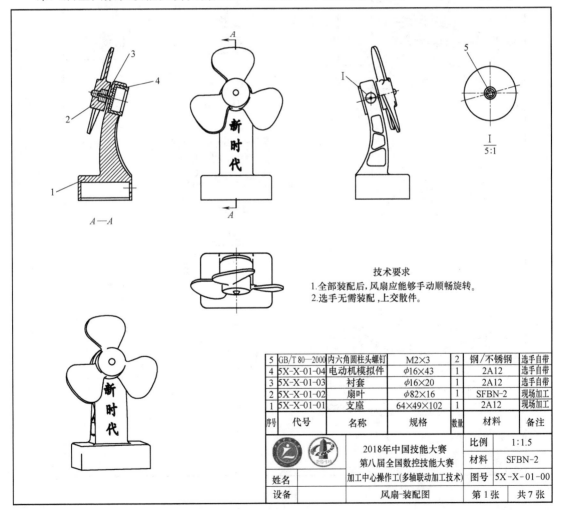

技术要求
1.全部装配后,风扇应能够手动顺畅旋转。
2.选手无需装配,上交散件。

5	GB/T 80—2000	内六角圆柱头螺钉	M2×3	2	钢/不锈钢	选手自带
4	5X-X-01-04	电动机模拟件	φ16×43	1	2A12	选手自带
3	5X-X-01-03	衬套	φ16×20	1	2A12	选手自带
2	5X-X-01-02	扇叶	φ82×16	1	SFBN-2	现场加工
1	5X-X-01-01	支座	64×49×102	1	2A12	现场加工
序号	代号	名称	规格	数量	材料	备注

		2018年中国技能大赛		比例	1:1.5
		第八届全国数控技能大赛		材料	SFBN-2
姓名		加工中心操作工(多轴联动加工技术)		图号	5X-X-01-00
设备		风扇-装配图		第1张	共7张

图 A-1　风扇-装配图

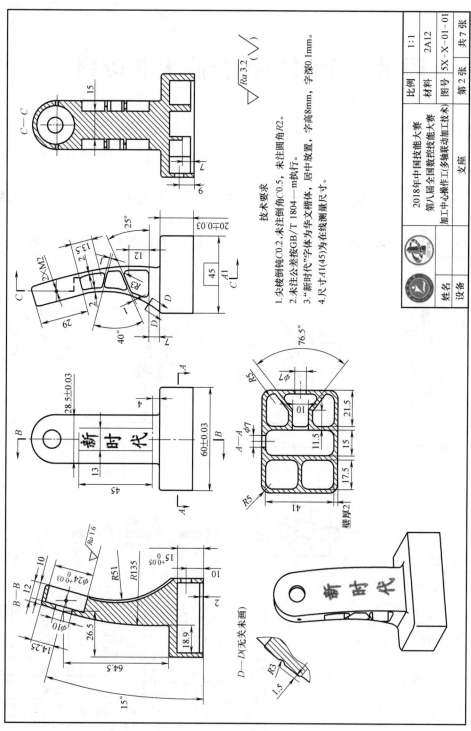

技术要求

1.尖棱倒钝C0.2,未注倒角C0.5,未注圆角R2。
2.未注公差按GB/T 1804—m执行。
3."新时代"字体为华文楷体,居中放置,字高8mm,字深0.1mm。
4.尺寸A1(45)为在线测量尺寸。

2018年中国技能大赛		比例	1:1
第八届全国数控技能大赛		材料	2A12
加工中心操作工(多轴联动加工技术)		图号	5X-X-01-01
	支座	第2张	共7张

| 姓名 | | | |
| 设备 | | | |

图 A-2　支座

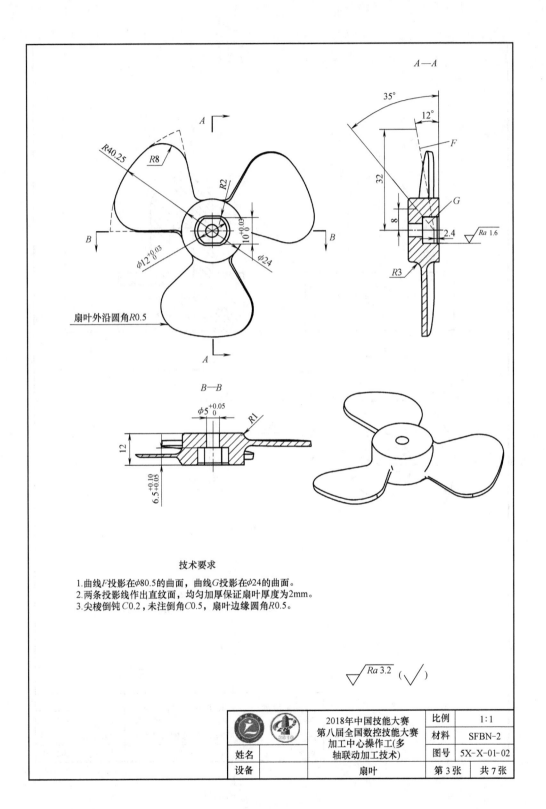

技术要求

1. 曲线F投影在φ80.5的曲面，曲线G投影在φ24的曲面。
2. 两条投影线作出直纹面，均匀加厚保证扇叶厚度为2mm。
3. 尖棱倒钝C0.2，未注倒角C0.5，扇叶边缘圆角R0.5。

	2018年中国技能大赛 第八届全国数控技能大赛 加工中心操作工(多 轴联动加工技术)	比例	1：1
		材料	SFBN-2
姓名		图号	5X-X-01-02
设备	扇叶	第3张	共7张

图 A-3 扇叶

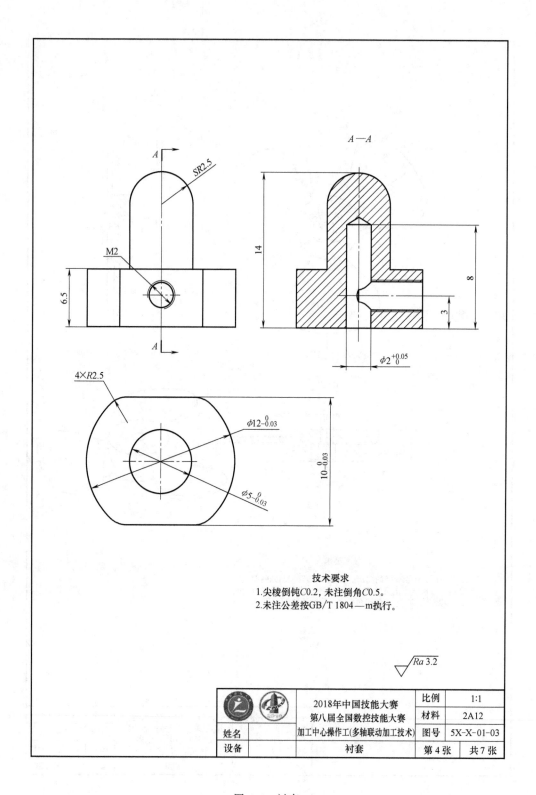

技术要求
1.尖棱倒钝C0.2,未注倒角C0.5。
2.未注公差按GB/T 1804—m执行。

$\sqrt{Ra\,3.2}$

	2018年中国技能大赛	比例	1:1
	第八届全国数控技能大赛	材料	2A12
姓名	加工中心操作工(多轴联动加工技术)	图号	5X-X-01-03
设备	衬套	第4张	共7张

图 A-4 衬套

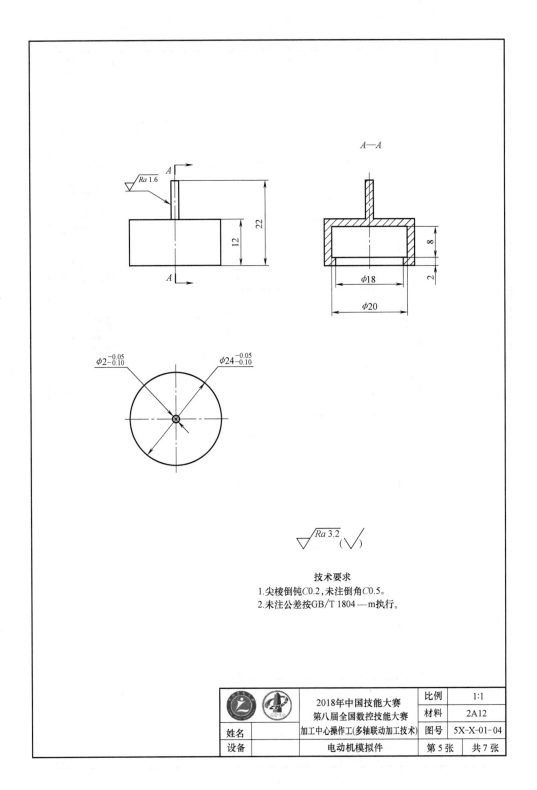

技术要求
1.尖棱倒钝C0.2,未注倒角C0.5。
2.未注公差按GB/T 1804—m执行。

	2018年中国技能大赛 第八届全国数控技能大赛	比例	1:1
		材料	2A12
姓名	加工中心操作工(多轴联动加工技术)	图号	5X-X-01-04
设备	电动机模拟件	第5张	共7张

图 A-5　电动机模拟件

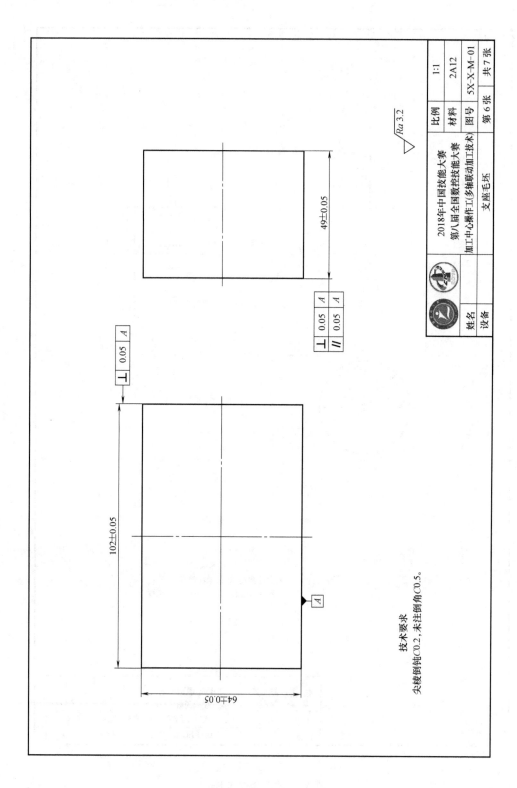

图 A-6　支座毛坯

技术要求
尖棱倒钝C0.2，未注倒角C0.5。

比例	1:1
材料	2A12
图号	5X-X-M-01
第6张	共7张

2018年中国技能大赛
第八届全国数控技能大赛
加工中心操作工/多轴联动加工技术

支座毛坯

| 姓名 | |
| 设备 | |

$\sqrt{Ra\,3.2}$

49±0.05

102±0.05

64±0.05

| ⊥ | 0.05 | A |

| ⊥ | 0.05 | A |
| // | 0.05 | A |

A

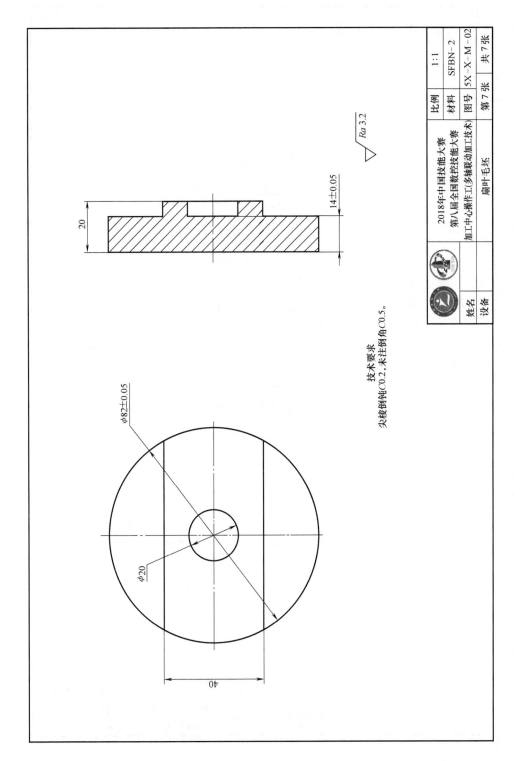

技术要求
尖棱倒钝C0.2，未注倒角C0.5。

$\sqrt{Ra\,3.2}$

	比例	1:1
2018年中国技能大赛 第八届全国数控技能大赛 加工中心操作工(多轴联动加工技术)	材料	SFBN-2
	图号	5X-X-M-02
扇叶毛坯	第7张	共7张
姓名		
设备		

14±0.05

20

φ82±0.05

φ20

40

图 A-7 扇叶毛坯

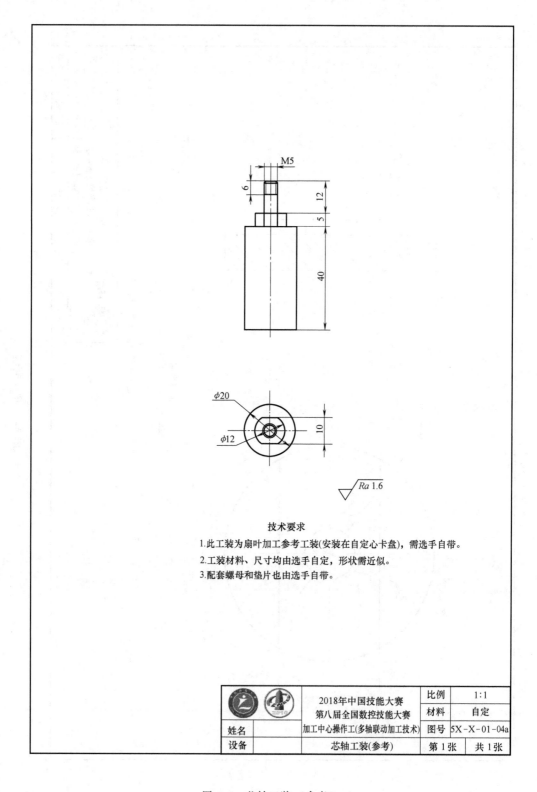

技术要求

1.此工装为扇叶加工参考工装(安装在自定心卡盘),需选手自带。

2.工装材料、尺寸均由选手自定,形状需近似。

3.配套螺母和垫片也由选手自带。

		2018年中国技能大赛 第八届全国数控技能大赛	比例	1:1
			材料	自定
姓名		加工中心操作工(多轴联动加工技术)	图号	5X-X-01-04a
设备		芯轴工装(参考)	第1张	共1张

图 A-8 芯轴工装 (参考)

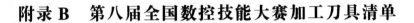

附录 B　第八届全国数控技能大赛加工刀具清单

B.1　刀具清单1

第八届全国数控技能大赛决赛数控铣工学生组刀具清单见表 B-1。

表 B-1　第八届全国数控技能大赛决赛数控铣工学生组刀具清单

比赛内容	比赛组别	刀具序号	刀具名称、规格/mm	数量	SECO 型号	推荐参数
数铣	学生组	1	铝用立铣刀，$\phi 8$	1	JE493080Z3.0	$a_p/DC = 1$, $v_c = 400m/min$, $f_z = 0.08mm/z$
数铣	学生组	2	铝用立铣刀，$\phi 10$	1	JE493100Z3.0	$a_p/DC = 1$, $v_c = 400m/min$, $f_z = 0.10mm/z$
数铣	学生组	3	铝用平刃铣刀，$\phi 6$	1	JE493060Z3.0-W	$a_p/DC = 1$, $v_c = 400m/min$, $f_z = 0.06mm/z$
数铣	学生组	4	铝用球头铣刀，$\phi 6$	1	JE47260B.0Z2	$a_e/DC = 0.4$, $a_p/DC = 0.25$, $v_c = 500m/min$, $f_z = 0.12mm/z$
数铣	学生组	5	钢用粗铣刀，$\phi 6$	1	JE595060Z4.0-NXT	$a_p/DC = 0.5$, $v_c = 130m/min$, $f_z = 0.03mm/z$
数铣	学生组	6	钢用粗铣刀，$\phi 10$	1	JE595100Z4.0-NXT	$a_p/DC = 0.5$, $v_c = 130m/min$, $f_z = 0.05mm/z$
数铣	学生组	7	钢用精铣刀，$\phi 6$	1	JE596060Z5.0-NXT	$a_p/DC = 0.5$, $v_c = 130m/min$, $f_z = 0.03mm/z$
数铣	学生组	8	钢用精铣刀，$\phi 10$	1	JE596100Z5.0-NXT	$a_p/DC = 0.5$, $v_c = 130m/min$, $f_z = 0.05mm/z$
数铣	学生组	9	雕刻刀，$\phi 4$	1	29040	$a_p/DC = 0.5$, $v_c = 30m/min$, $f_z = 0.24mm/z$
数铣	学生组	10.1	方肩铣刀杆，$\phi 20$	1	R217.69-2020.0-10-3A	
数铣	学生组	10.2	铝用刀片	3	XOEX10T308FR-E05,H15	$a_e = DC$, $a_p = 4.5mm$, $v_c = 500m/min$, $f_z = 0.09mm/z$
数铣	学生组	10.3	钢用刀片	3	XOMX10T308TR-M09,MP2500	$a_e = DC$, $a_p = 4.5mm$, $v_c = 260m/min$, $f_z = 0.12mm/z$
数铣	学生组	11.1	方肩铣刀盘，$\phi 50$	1	R220.69-0050-10-5A	
数铣	学生组	11.2	铝用刀片	5	XOEX10T308FR-E05,H15	$a_e = DC$, $a_p = 4.5mm$, $v_c = 500m/min$, $f_z = 0.09mm/z$
数铣	学生组	11.3	钢用刀片	5	XOMX10T308TR-M09,MP2500	$a_e = DC$, $a_p = 4.5mm$, $v_c = 260m/min$, $f_z = 0.12mm/z$
数铣	学生组	12.1	镗刀，$\phi 30 \sim \phi 40$	1	M4012514	
数铣	学生组	12.2	刀夹	1	A72520	
数铣	学生组	12.3	镗头	1	A78020	
数铣	学生组	12.4	刀片	1	CCGT060202,03G3	$a_p = 0.1mm$, $v_c = 50m/min$, $f_z = 0.03mm/z$
数铣	学生组	13	90°、定点、倒角	1	CT-509100Z2.0-SP	
数铣	学生组	14	钻头，$\phi 7.8$；$\phi 9.8$；$\phi 12$；$\phi 20$	1	无	

（续）

比赛内容	比赛组别	刀具序号	刀具名称、规格/mm	数量	SECO 型号	推荐参数
数铣	学生组	15	机铰刀，ϕ10H7	1	无	
数铣	学生组	16	标准钢件合金立铣刀，ϕ16	1	无	
数铣	学生组	17	刃长 65 以上，ϕ20	1	无	
数铣	学生组	18	螺纹铣刀，螺距1.5	1	ETM-M10X1.5ISO	

B.2　刀具清单 2

第八届全国数控技能大赛决赛数控铣工职工/教师组刀具清单见表 B-2。

表 B-2　第八届全国数控技能大赛决赛数控铣工职工/教师组刀具清单

比赛内容	比赛组别	刀具序号	刀具名称、规格/mm	数量	SECO 型号	推荐参数
数铣	职工/教师组	1	铝用立铣刀，ϕ6	1	JE493060Z3.0	$a_{p}/DC = 1$，$v_{c} = 400\text{m/min}$，$f_{z} = 0.06\text{mm/z}$
数铣	职工/教师组	2	铝用立铣刀，ϕ8	1	JE493080Z3.0	$a_{p}/DC = 1$，$v_{c} = 400\text{m/min}$，$f_{z} = 0.08\text{mm/z}$
数铣	职工/教师组	3	铝用立铣刀，ϕ10	1	JE493100Z3.0	$a_{p}/DC = 1$，$v_{c} = 400\text{m/min}$，$f_{z} = 0.10\text{mm/z}$
数铣	职工/教师组	4	铝用平刃铣刀，ϕ6	1	JE493060Z3.0-W	$a_{p}/DC = 1$，$v_{c} = 400\text{m/min}$，$f_{z} = 0.06\text{mm/z}$
数铣	职工/教师组	5	加长铝用铣刀，ϕ12，切削深度 60	1	JS514120D4C.0Z4-NXT	$a_{p}/DC = 0.5$，$v_{c} = 130\text{m/min}$，$f_{z} = 0.06\text{mm/z}$
数铣	职工/教师组	6	铝用球头铣刀，ϕ6	1	JE47260B.0Z2	$a_{e}/DC = 0.4$，$a_{p}/DC = 0.25$，$v_{c} = 500\text{m/min}$，$f_{z} = 0.12\text{mm/z}$
数铣	职工/教师组	7	钢用粗铣刀，ϕ6	1	JE595060Z4.0-NXT	$a_{p}/DC = 0.5$，$v_{c} = 130\text{m/min}$，$f_{z} = 0.03\text{mm/z}$
数铣	职工/教师组	8	钢用粗铣刀，ϕ10	1	JE595100Z4.0-NXT	$a_{p}/DC = 0.5$，$v_{c} = 130\text{m/min}$，$f_{z} = 0.05\text{mm/z}$
数铣	职工/教师组	9	钢用精铣刀，ϕ6	1	JE596060Z5.0-NXT	$a_{p}/DC = 0.5$，$v_{c} = 130\text{m/min}$，$f_{z} = 0.03\text{mm/z}$
数铣	职工/教师组	10	钢用精铣刀，ϕ10	1	JE596100Z5.0-NXT	$a_{p}/DC = 0.5$，$v_{c} = 130\text{m/min}$，$f_{z} = 0.05\text{mm/z}$
数铣	职工/教师组	11	雕刻刀，夹持部分ϕ4，刀尖 $R0.1$	1	29040	$a_{p}/DC = 0.5$，$v_{c} = 30\text{m/min}$，$f_{z} = 0.24\text{mm/z}$
数铣	职工/教师组	12.1	方肩铣刀，ϕ20，配铝、钢刀片	1	R217.69-2020.0-10-3A	
数铣	职工/教师组	12.2	铝用刀片	3	XOEX10T308FR-E05，H15	$a_{e} = DC$，$a_{p} = 4.5\text{mm}$，$v_{c} = 500\text{m/min}$，$f_{z} = 0.09\text{mm/z}$

（续）

比赛内容	比赛组别	刀具序号	刀具名称、规格/mm	数量	SECO 型号	推荐参数
数铣	职工/教师组	12.3	钢用刀片	3	XOMX10T308TR-M09，MP2500	$a_e = DC$, $a_p = 4.5mm$, $v_c = 260m/min$, $f_z = 0.12mm/z$
数铣	职工/教师组	13.1	面铣刀，$\phi50$，配铝、钢刀片	1	R220.69-0050-10-5A	
数铣	职工/教师组	13.2	铝用刀片	5	XOEX10T308FR-E05，H15	$a_e = DC$, $a_p = 4.5mm$, $v_c = 500m/min$, $f_z = 0.09mm/z$
数铣	职工/教师组	13.3	钢用刀片	5	XOMX10T308TR-M09，MP2500	$a_e = DC$, $a_p = 4.5mm$, $v_c = 260m/min$, $f_z = 0.12mm/z$
数铣	职工/教师组	14.1	T形槽铣刀杆	1	335.14-1612.0-042-100-E	
数铣	职工/教师组	14.2	T形槽铣刀片	1	R335.14-217300.12Z3-M03，F32M	$a_e/DC = 0.2$, $v_c = 170m/min$, $f_z = 0.06mm/z$
数铣	职工/教师组	15.1	精镗刀，加工范围$\phi30 \sim \phi40$	1	M4012514	
数铣	职工/教师组	15.2	刀夹	1	A72520	
数铣	职工/教师组	15.3	镗头	1	A78020	
数铣	职工/教师组	15.4	刀片	1	CCGT060202，03G3	$a_p = 0.1mm$, $v_c = 50m/min$, $f_z = 0.03mm/z$
数铣	职工/教师组	16	90° NC 中心钻，$\phi10$	1	CT-509100Z2.0-SP	
数铣	职工/教师组	17	螺纹铣刀，螺距1.5	1	ETM-M10X1.5ISO	
数铣	职工/教师组	18	钻头 $\phi5$	1	无	
数铣	职工/教师组	19	钻头 $\phi7.8$	1	无	
数铣	职工/教师组	20	钻头 $\phi12$	1	无	
数铣	职工/教师组	21	钻头 $\phi20$	1	无	
数铣	职工/教师组	22	机铰刀 $\phi8H7$	1	无	
数铣	职工/教师组	23	丝锥 M6-6H	1	无	

B.3　刀具清单3

第八届全国数控技能大赛决赛多轴联动加工技术学生组刀具清单见表 B-3。

表 B-3　第八届全国数控技能大赛决赛多轴联动加工技术学生组刀具清单

比赛内容	比赛组别	刀具序号	刀具名称、规格/mm	数量	SECO 型号	推荐参数
多轴联动加工技术	学生组	1	硬质合金立铣刀,$\phi 10$	1	JE493100Z3.0	$a_p/DC=1$,$v_c=400\text{m/min}$,$f_z=0.10\text{mm/z}$
多轴联动加工技术	学生组	2	硬质合金立铣刀,$\phi 8$	1	JE493080Z3.0	$a_p/DC=1$,$v_c=400\text{m/min}$,$f_z=0.08\text{mm/z}$
多轴联动加工技术	学生组	3	硬质合金立铣刀,$\phi 6$	1	JE493060Z3.0	$a_p/DC=1$,$v_c=400\text{m/min}$,$f_z=0.06\text{mm/z}$
多轴联动加工技术	学生组	4	硬质合金立铣刀,$\phi 8$	1	JE493040Z2.0	$a_p/DC=1$,$v_c=400\text{m/min}$,$f_z=0.04\text{mm/z}$
多轴联动加工技术	学生组	5	硬质合金球头铣刀,$R3$	1	JE472060D3B.0Z2	$a_e/DC=0.4$,$a_p/DC=0.25$,$v_c=500\text{m/min}$,$f_z=0.12\text{mm/z}$
多轴联动加工技术	学生组	6	硬质合金球头铣刀,$R1.5$	1	JE472030B.0Z2	$a_e/DC=0.4$,$a_p/DC=0.25$,$v_c=500\text{m/min}$,$f_z=0.06\text{mm/z}$
多轴联动加工技术	学生组	7	硬质合金球头铣刀,$R0.5$	1	JE472010B.0Z2	$a_e/DC=0.4$,$a_p/DC=0.25$,$v_c=500\text{m/min}$,$f_z=0.02\text{mm/z}$
多轴联动加工技术	学生组	8	90°倒角刀,$\phi 10$	1	CT-509100Z2.0-SP	
多轴联动加工技术	学生组	9	钻头,$\phi 1.6$	1	无	
多轴联动加工技术	学生组	10	丝锥,M2	1	无	

B.4　刀具清单 4

第八届全国数控技能大赛决赛多轴联动加工技术教师/职工组刀具清单见表 B-4。

表 B-4　第八届全国数控技能大赛决赛多轴联动加工技术教师/职工组刀具清单

比赛内容	比赛组别	刀具序号	刀具名称、规格/mm	数量	SECO 型号	备注
多轴联动加工技术	教师/职工组	1	铝用立铣刀,$\phi 6$	1	JE493060Z3.0	
多轴联动加工技术	教师/职工组	2	铝用立铣刀,$\phi 8$	1	JE493080Z3.0	
多轴联动加工技术	教师/职工组	3	铝用立铣刀,$\phi 12$	1	JE493120Z3.0	
多轴联动加工技术	教师/职工组	4	铝用平刃铣刀,$\phi 6$	1	JE493060Z3.0-W	
多轴联动加工技术	教师/职工组	5	加长铝用铣刀,$\phi 12$,切削深度60	1	522120R010Z2.0-MEGA-64	
多轴联动加工技术	教师/职工组	6	铝用球头铣刀,$\phi 12$	1	JE472120B.0Z2	
多轴联动加工技术	教师/职工组	7	钢铝通用粗铣刀,$\phi 12$	1	JE595120Z4.0-NXT	
多轴联动加工技术	教师/职工组	8	钢铝通用精铣刀,$\phi 12$	1	JE596120Z5.0-NXT	
多轴联动加工技术	教师/职工组	9	钢铝通用球头铣刀,$\phi 12$	1	JE572120B.0Z2-NXT	
多轴联动加工技术	教师/职工组	10	钢铝通用球头铣刀,$\phi 8$	1	JE572080B.0Z2-NXT	
多轴联动加工技术	教师/职工组	11	雕刻刀,夹持部分,$\phi 4$	1	29040	
多轴联动加工技术	教师/职工组	12.1	方肩铣刀,$\phi 20$	1	R217.69-2020.0-10-3A	

（续）

比赛内容	比赛组别	刀具序号	刀具名称、规格/mm	数量	SECO 型号	备注
多轴联动加工技术	教师/职工组	12.2	铝用刀片	3	XOEX10T308FR-E05,H15	
多轴联动加工技术	教师/职工组	12.3	钢用刀片	3	XOMX10T308TR-M09,MP2500	
多轴联动加工技术	教师/职工组	13.1	面铣刀,ϕ50,配铝、钢刀片	1	R220.69-0050-10-5A	
多轴联动加工技术	教师/职工组	13.2	铝用刀片	5	XOEX10T308FR-E05,H15	
多轴联动加工技术	教师/职工组	13.3	钢用刀片	5	XOMX10T308TR-M09,MP2500	
多轴联动加工技术	教师/职工组	14	90°NC 中心钻,ϕ10	1	CT-509100Z2.0-SP	
多轴联动加工技术	教师/职工组	15	钻头限 ϕ14 以下	1	无	
多轴联动加工技术	教师/职工组	16	铰刀 ϕ14 以下	1	无	
多轴联动加工技术	教师/职工组	17	丝锥 M14 以下	1	无	
多轴联动加工技术	教师/职工组	18	铝用球头铣刀,$R3$,全长 100	1	JE472060D3B.0Z2	
多轴联动加工技术	教师/职工组	19	铝用立铣刀,ϕ10,全长 100	1	JE493100E5Z3.0	

附录 C　第八届全国数控技能大赛加工中心理论题库精选

一、单选题

1. 公差原则是指（　　）。

A. 确定公差值大小的原则　　　　　　　B. 制订公差与配合标准的原则

C. 形状公差与位置公差的关系　　　　　D. 尺寸公差与几何公差的关系

2. 在夹具中，（　　）装置用于确定工件在夹具中的位置。

A. 定位　　　　　　B. 夹紧　　　　　　C. 辅助　　　　　　D. 辅助支承

3. 工件定位时，仅限制四个或五个自由度，没有限制全部自由度的定位方式称为（　　）。

A. 完全定位　　　　B. 欠定位　　　　　C. 不完全定位　　　D. 重复定位

4. 切削过程中，工件与刀具的相对运动按其所起的作用可分为（　　）。

A. 主运动和进给运动　　　　　　　　　B. 主运动和辅助运动

C. 辅助运动和进给运动　　　　　　　　D. 以上都可以

5. 用塞规测量工件，若通过端不通过，不通过端也不通过，则工件尺寸为（　　）。

A. 刚好　　　　　　B. 太小　　　　　　C. 太大　　　　　　D. 无法判断

6. 过盈量较大的过盈连接装配应采用（　　）。

A. 压入法　　　　　B. 热胀法　　　　　C. 冷缩法　　　　　D. 嵌入法

7. 下列带传动属于啮合传动类的是（　　）。

A. 平带传动　　　　B. V 带传动　　　　C. 同步传动　　　　D. 三角带传动

8. 3D 打印模型是什么格式（　　）。

A. STL　　　　　　B. SAL　　　　　　C. LED　　　　　　D. RAD

9. 下列哪种说法不符合绿色制造的思想（　　）。

A. 对生态环境无害 　　　　　　　　B. 资源利用率高，能耗消耗低

C. 为企业创造利润 　　　　　　　　D. 谋个人利益

10. （　　）是企业诚实守信的内在要求。

A. 维护企业信誉　　　B. 增加职工福利　　　C. 注重经济效益　　　D. 开展员工培训

11. 下列关于参考点描述不正确的是（　　）。

A. 参考点是确定机床坐标原点的基准，还是轴的软限位和各种误差补偿生效的条件

B. 采用绝对型编码器时，必须进行返回参考点的操作，数控系统才能找到参考点，从而确定机床各轴的原点

C. 机床参考点是靠行程开关和编码器的零脉冲信号确定的

D. 大多数数控机床都采用带增量型编码器的伺服电动机，因此必须通过返回参考点的操作才能确定机床坐标原点

12. 形成（　　）的切削过程较平稳，切削力波动较小，已加工表面的表面粗糙度值较小。

A. 带状切屑　　　　　B. 节状切屑　　　　　C. 粒状切屑　　　　　D. 崩碎切屑

13. 目前高速切削进给速度已高达（　　）m/min，要实现并准确控制这样高的进给速度，对机床导轨、滚珠丝杠、伺服系统和工作台结构等提出了新的要求。

A. 50~120　　　　　B. 40~100　　　　　C. 30~80　　　　　D. 60~140

14. M00 与 M01 最大的区别是（　　）。

A. M00 可用于计划停止，而 M01 不能

B. M01 可以使切削液停止，M00 不能

C. M01 要配合面板上的"选择停止"使用，而 M00 不用配合

D. M00 要配合面板上的"选择停止"使用，而 M01 不用配合

15. 为了能测量 0°~320°之间的任何角度，游标万能角度尺结构中的直尺和直角尺可以移动和拆换。当测量角度在 140°~230°之间时，应（　　）。

A. 装上直角尺 　　　　　　　　　　B. 装上直尺

C. 装上直角尺和直尺 　　　　　　　D. 不装直角尺和直尺

16. 下列关于数控机床几何精度的说法不正确的是（　　）。

A. 数控机床的几何精度综合反映了该设备的关键机械零部件和组装后的几何形状误差

B. 几何精度检测必须在地基完全稳定且地脚螺栓处于压紧状态下进行，考虑到地基可能随时间而变化，一般要求机床使用半年后，应复校一次几何精度

C. 检测工具的精度必须比所测的几何精度高一个等级

D. 数控机床几何精度检测时通常调整 1 项、检测 1 项

17. 金属切削加工时，切屑的颜色可反映切削过程中的温度，它可以帮助判断切削参数的选择是否合理。当加工碳钢时，切屑的颜色呈暗褐色，这表明（　　）。

A. 切削速度适当 　　　　　　　　　B. 切削速度偏高

C. 切削温度太高，应降低切削速度 　D. 切削速度偏低

18. 数控车床的主要机械部件被称为（　　）。

A. 机床本体　　　B. 数控装置　　　C. 驱动装置　　　D. 主机

19. 对于端面全跳动公差，下列表述错误的是（　　）。

A. 属于形状公差 B. 属于位置公差

C. 属于跳动公差 D. 与端面对轴线的垂直度公差带形状相同

20. 定位数控系统硬件故障部位的常用方法是外观检测法、系统分析法、静态测量法和（ ）。

A. 参数分析法 B. 原理分析法 C. 功能测试法 D. 动态测量法

21. 在金属切削过程中，刀具对被切削金属的作用包括（ ）。

A. 前角的作用 B. 后角的作用

C. 刀尖的作用 D. 切削刃的作用和刀面的作用

22. 图 C-1 所示是用精密直角尺检测面对面的（ ）误差。

A. 垂直度 B. 平行度

C. 轮廓度 D. 倾斜度

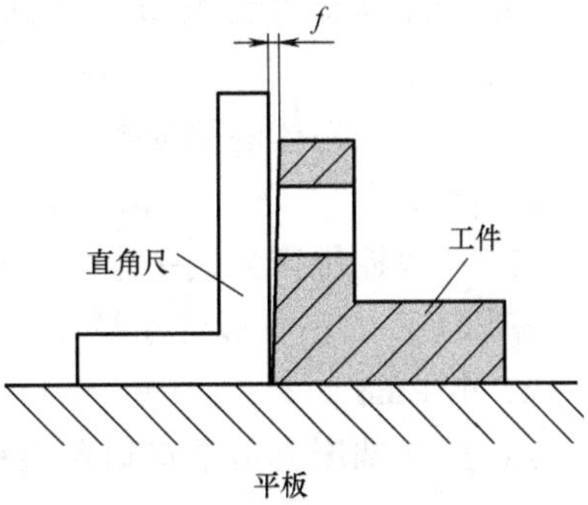

图 C-1 22题示意图

23. 系统中准备功能 G81 表示（ ）循环。

A. 取消固定 B. 钻孔

C. 切槽 D. 攻螺纹

24. 回转刀架换刀时，首先是刀架（ ），然后刀架转位到指定位置，最后刀架复位夹紧，电磁阀得电，刀架松开。

A. 抓紧 B. 松开 C. 抓牢 D. 夹紧

25. 机床回零时，到达机床原点行程开关被压下，所产生的机床原点信号送入（ ）。

A. 伺服系统 B. 数控系统 C. 显示器 D. PLC

26. 在加工条件正常的情况下，铣刀（ ）可能引起振动。

A. 大悬伸 B. 过大的主偏角 C. 逆铣 D. 密齿

27. 将位置检测反馈装置安装在机床的移动部件上的数控机床属于（ ）。

A. 半开环控制 B. 开环控制 C. 半闭环控制 D. 闭环控制

28. 针对某些加工材料和典型部位，应采用逆铣方式。但该方式在加工较硬材料、薄壁部位和（ ）时不适用。

A. 精度要求高的台阶平面 B. 工件表面有硬皮

C. 工件或刀具振动 D. 手动操作机床

29. 在 CRT/MDI 面板的功能键中，用于刀具偏置数设置的是（ ）。

A. POS B. OFSET C. PRGRM D. CAN

30. 要执行程序段跳过功能，应在该程序段前输入（ ）标记。

A. / B. \ C. + D. -

31. 闭环进给伺服系统与半闭环进给伺服系统的主要区别在于（ ）。

A. 位置控制器 B. 检测单元 C. 伺服单元 D. 控制对象

32. 工艺基准分为（ ）、测量和装配基准。

A. 设计 B. 加工 C. 安装 D. 定位

33. 装夹薄壁零件时，（ ）是不正确的。

A. 在加工部位附近定位和辅助定位

B. 选择夹紧力的作用点和位置时，采用较大的面积传递夹紧力

C. 夹紧力作用位置应尽可能沿加工轮廓设置

D. 减小工件与工装间的有效接触面积

34. 数控铣床镗孔出现圆度超差主要原因是（　　）。

A. 主轴在 Z 轴方向窜动

B. 主轴在孔内振动

C. Z 轴直线度不良

D. 主轴径向圆跳动

35. 利用丝锥攻制 M10×1.5 的螺纹时，应选用直径为（　　）的钻头。

A. 9.0mm B. 8mm C. 8.5mm D. 7.5mm

36. 跨距大箱体的同轴孔加工，尽量采取（　　）加工方法。

A. 调头 B. 一夹一顶 C. 两顶尖 D. 联动

37. 在数控铣床上铣一个正方形零件（外轮廓），如果使用的铣刀直径比原来小 1mm，则计算加工后的正方形尺寸差（　　）。

A. 小 1mm B. 小 0.5mm C. 大 0.5mm D. 大 1mm

38. 卧式铣床上用平口钳装夹铣削垂直面时，下列装夹措施对垂直度要求最有效的是（　　）。

A. 在活动钳口垫上一根圆棒 B. 对平口钳底座进行修磨

C. 对安装好后的钳口进行铣削 D. 在底部垫一块高精度的垫铁

39. 切削用量中对切削温度影响最大的是切削速度，影响最小的是（　　）。

A. 走刀量（进给量） B. 切削深度 C. 工件材料硬度 D. 切削液

40. 加工坐标系在（　　）后不被破坏（再次开机后仍有效），并与刀具的当前位置无关，只要按选择的坐标系编程。

A. 工件重新安装 B. 系统切断电源 C. 机床导轨维修 D. 停机间隙调整

41. 对于大多数数控机床，开机第一步总是先使机床返回参考点，其目的是为了建立（　　）。

A. 工件坐标系 B. 机床坐标系 C. 编程坐标系 D. 工件基准

42. 数控机床的 C 轴是指绕（　　）轴旋转的坐标。

A. X B. Y C. Z D. 不固定

43. 机床主轴回零后，设 H01＝6mm，则执行"G91 G43 G01 Z－15.0；"后的实际移动量为（　　）。

A. 9mm B. 21mm C. 15mm D. 36mm

44. 主程序结束，程序返回至开始状态，其指令为（　　）。

A. M00 B. M02 C. M05 D. M30

45. 下列建模方法中，（　　）是几何建模方法。

A. 线框建模、特征建模、参数建模 B. 特征建模、实体建模、曲面建模

C. 线框建模、实体建模、曲面建模 D. 特征建模、线框建模、行为建模

46. 计算机辅助编程生成的程序不包括（　　）。

A. G 代码 B. 刀位点位置信息 C. M 辅助代码 D. 装夹信息

47. （　　）格式数据文件一般不能被用于不同 CAD/CAM 软件间图形数据转换。

A. DXF B. IGES C. STL D. STEP

48. 图 C-2 中分别有 2 齿铣刀、3 齿铣刀、4 齿铣刀、5 齿铣刀、6 齿铣刀，下面关于立铣刀齿数和刚度的叙述，其中（　　）是不正确的。

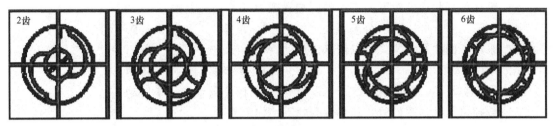

图 C-2　48 题示意图

A. 同一直径的立铣刀，随着刀具齿数增加，铣刀刚度依次逐渐加强

B. 同一直径的立铣刀，随着刀具齿数增加，铣刀的容屑空间依次减小

C. 刃数多的立铣刀，适用于较低金属去除率的加工和精加工

D. 同一直径的铣刀齿数越多，加工效率越高

49. 选用一把直径 3mm 的面铣刀，切削刃上线速度为 30m/min，其主轴实际转速为（　　）。

A. 318r/min B. 320r/min C. 160r/min D. 1600r/min

50. 多轴加工中，工件定位与机床没有关系的是（　　）。

A. 了解机床各部件之间的位置关系

B. 确定工件坐标系原点与旋转轴的位置关系

C. 了解刀尖点或刀心点与旋转轴的位置关系

D. 了解主轴与轴承的装配关系

51. 多轴加工精加工的工艺安排原则（　　）。

A. 给精加工留下均匀的较小余量

B. 给精加工留有足够的刚度

C. 分区域精加工，从浅到深，从下到上，从叶盆叶背到轮毂

D. 曲面→清根→曲面

52. 立式五轴加工中心的回转轴有两种方式，工作台回转轴和主轴头回转轴。其中采用主轴头回转轴的优势是（　　）。

A. 主轴的结构比较简单，主轴刚度非常好

B. 工作台不能设计得非常大

C. 制造成本比较低

D. 可使球头铣刀避开顶点切削，保证有一定的线速度，提高表面加工质量

53. 当工件加工后尺寸有波动时，可修改（　　）中的数值至图样要求。

A. 刀具磨耗补偿 B. 刀具补正 C. 刀尖半径 D. 刀尖的位置

54. 基准不重合误差由前后（　　）不同而引起。

A. 设计基准 B. 环境温度 C. 工序基准 D. 几何误差

55. 提高数控加工生产率可以通过缩减基本时间、缩短辅助时间和让辅助时间与基本时间重合等方法来实现。采用加工中心和多工位机床等都属于（ ）。

A. 缩减基本时间　　　　　　　　　　B. 缩短辅助时间

C. 辅助时间与基本时间重合　　　　　D. 同时缩短基本时间和辅助时间

56. 毛坯的形状误差对下一工序的影响表现为（ ）复映。

A. 计算　　　　　B. 公差　　　　　C. 误差　　　　　D. 运算

57. 采用长圆柱孔定位，可以消除工件的（ ）自由度。

A. 两个移动　　　　　　　　　　　　B. 两个移动，两个转动

C. 三个移动，一个转动　　　　　　　D. 两个移动，一个转动

58. 数控铣床铣削零件时，若零件受热不均匀，易（ ）。

A. 产生位置误差　　　　　　　　　　B. 产生形状误差

C. 影响表面粗糙度　　　　　　　　　D. 影响尺寸精度

59. 用大盘刀铣刚度足够高的平面，沿走刀方向铣出中间凹、两边凸的平面，可能的原因是（ ）。

A. 刀齿高低不平　　　　　　　　　　B. 工件变形

C. 主轴与工作台面不垂直　　　　　　D. 工件装夹不平

60. 采用（ ）可显著提高铣刀的使用寿命，并可获得较小的表面粗糙度值。

A. 对称铣削　　　　　　　　　　　　B. 非对称逆铣

C. 顺铣　　　　　　　　　　　　　　D. 逆铣

二、判断题

61. （ ）加热→保温→冷却，是热处理工艺的基本过程。

62. （ ）同一基本尺寸、同一公差等级的孔和轴的标准公差值相等。

63. （ ）比例缩放指相对于真实图形的大小。

64. （ ）为了保证工件达到图样所规定的精度和技术要求，夹具上的定位基准应与工件上的设计基准、测量基准尽可能重合。

65. （ ）进行尺寸标注时，完整的尺寸由尺寸数字、尺寸线和尺寸界线等要素组成。

66. （ ）工作时必须戴好劳动保护物品，女工戴好工作帽，不准围围巾，禁止穿高跟鞋；操作时不准戴手套，不准与他人闲谈，精神要集中。

67. （ ）不带有位移检测反馈的伺服系统统称为半闭环控制系统。

68. （ ）数控机床中 CCW 代表顺时针方向旋转，CW 代表逆时针方向旋转。

69. （ ）用塞规可以直接测量出孔的实际尺寸。

70. （ ）铰刀的齿槽有螺旋槽和直槽两种。其中直槽铰刀切削平稳、振动小、寿命长且铰孔质量好，尤其适用于铰削轴向带有键槽的孔。

71. （ ）从 A 到 B 点，分别使用 G00 及 G01 指令运动，其刀具路径相同。

72. （ ）旋转型检测元件有旋转变压器、脉冲编码器和测速发电机。

73. （ ）滚珠丝杠副的螺母或支承轴承预紧力过紧或过松会导致反向误差大，加工精度不准。

74. （ ）二级保养是指操作工人对机械设备进行的日常维护保养工作。

75. （　　　）工业机器人的自由度一般是 4~6 个。

76. （　　　）一面两销组合定位方法中削边销的削边部分应垂直于两销的连线方向。

77. （　　　）椭圆参数方程式为 $X=a \cdot \cos\theta$；$Y=b \cdot \sin\theta$（FANUC 系统和华中系统）。

78. （　　　）滚珠丝杠属于螺旋传动机构。

79. （　　　）坐标旋转角度时，不足 1° 的角度应换算成小数点表示（SIEMENS 系统）。

80. （　　　）一个工艺尺寸链中有且只有一个组成环。

81. （　　　）测量复杂轮廓形状零件可选用万能工具显微镜。

82. （　　　）表面粗糙度值越大，表示表面粗糙度要求越高；表面粗糙度值越小，表示表面粗糙度要求越低。

83. （　　　）选择精基准时，先用加工表面的设计基准为定位基准，称为基准重合原则。

84. （　　　）深孔钻削过程中，钻头加工一定深度后退出工件，借此排出切屑，并进行冷却润滑，然后重新向前加工，可以保证孔的加工质量。

85. （　　　）为了便于安装工件，工件以孔定位用的过盈配合心轴的工作部分应带有锥度。

86. （　　　）新产品开发管理主要指对产品开发、产品设计和工艺、工装设计等技术活动的管理。

87. （　　　）定位误差包括工艺误差和设计误差。

88. （　　　）圆周分度孔系是指平面、圆柱面、圆锥面及圆弧面上的等分孔。

89. （　　　）有沟槽的凸轮，其沟槽宽度实际上是理论曲线与实际轮廓线之间的距离。

90. （　　　）扫描仪中属于计算机辅助设计（CAD）中的输出系统，通过计算机软件和计算机，输出设备（激光打印机、激光绘图机）接口，组成网印前计算机处理系统，适用于办公自动化（OA），广泛应用在标牌面板和印制板等。

91. （　　　）剖面图要画在视图以外，一般配置在剖切位置的延长线上，有时可以省略标注。

92. （　　　）应尽量选择设计基准或装配基准作为定位基准。

93. （　　　）组合夹具组装后，重点是检验夹具的对定元件及定位元件间的平行度、垂直度、同轴度和圆跳动度相位精度。

94. （　　　）安装机床虎钳时，不用调整钳口与床台之间的平行度。

95. （　　　）DNC（Distributed Numerical Control）称为分布式数控，是实现 CAD/CAM 和计算机辅助生产管理系统集成的纽带，是机械加工自动化的又一种形式。

96. （　　　）精密盘形端面沟槽凸轮的划线应先划出实际轮廓曲线。

97. （　　　）热处理工序主要用来改善材料的力学性能和消除内应力。

98. （　　　）加工中心适合加工形状复杂、工序多、加工精度要求较高且需经多次装夹和调整的零件。

99. （　　　）重合断面图的轮廓线用粗实线绘制。

100. （　　　）刀具预调仪是一种可预先调整并测量刀尖直径和装夹长度，并能将刀具数据输入加工中心 NC 程序的测量装置。

附录 D 第八届全国数控技能大赛加工中心理论题库答案

一、单选题

1. D　2. A　3. C　4. A　5. B　6. B　7. C　8. A　9. C　10. A　11. B
12. A　13. A　14. C　15. A　16. D　17. A　18. A　19. A　20. D　21. D　22. A
23. B　24. B　25. B　26. A　27. D　28. A　29. B　30. A　31. B　32. D　33. D
34. D　35. C　36. A　37. D　38. A　39. B　40. B　41. B　42. C　43. A　44. D
45. C　46. D　47. C　48. D　49. A　50. D　51. D　52. D　53. A　54. C　55. D
56. C　57. B　58. B　59. C　60. C

二、判断题

61. √　62. ×　63. ×　64. √　65. √　66. √　67. ×　68. ×　69. ×　70. ×　71. ×
72. √　73. √　74. ×　75. √　76. √　77. √　78. √　79. √　80. ×　81. √　82. ×
83. √　84. √　85. ×　86. √　87. ×　88. ×　89. √　90. ×　91. ×　92. √　93. √
94. ×　95. √　96. ×　97. √　98. √　99. ×　100. √

参 考 文 献

［1］　才家刚. 图解常用量具的使用方法和测量实例 ［M］. 北京：机械工业出版社，2007.

［2］　周湛学，赵小明. 图解机械零件加工精度测量及实例 ［M］. 2 版. 北京：化学工业出版社，2014.

［3］　吴清. 钳工基础技术 ［M］. 3 版. 北京：清华大学出版社，2019.

［4］　陈宏钧. 机械工人切削技术手册 ［M］. 3 版. 北京：机械工业出版社，2015.

［5］　尹成湖，周湛学. 机械加工工艺简明速查手册 ［M］. 北京：化学工业出版社，2016.

［6］　陈宏钧. 实用机械加工工艺手册 ［M］. 4 版. 北京：机械工业出版社，2016.

［7］　金属加工杂志社，哈尔滨理工大学. 数控刀具选用指南 ［M］. 2 版. 北京：机械工业出版社，2018

［8］　杨晓，等. 数控铣刀选用全图解 ［M］. 北京：机械工业出版社，2015.